宜春学院学术著作出版基金资助出版

立井井筒特大塌方机理分析及加固治理关键技术研究

陆有忠　著

中国建筑工业出版社

图书在版编目（CIP）数据

立井井筒特大塌方机理分析及加固治理关键技术研究/
陆有忠著. —北京：中国建筑工业出版社，2021.7
ISBN 978-7-112-26221-2

Ⅰ.①立… Ⅱ.①陆… Ⅲ.①竖井井筒-井筒支护-
研究 Ⅳ.①TD352

中国版本图书馆 CIP 数据核字(2021)第 117707 号

　　本书内容主要以鹤岗矿业集团益新矿混合井竖井塌落井筒工程加固为背景，
采用数值分析技术和优化理论，并结合工程实践和现场监测，进行了较为详尽的
研究与探索。
　　本书可供采矿工程、岩土工程地质勘探等专业的技术人员、科研人员参考。

责任编辑：杨　允
责任校对：党　蕾

立井井筒特大塌方机理分析及加固治理关键技术研究

陆有忠　著

*

中国建筑工业出版社出版、发行（北京海淀三里河路 9 号）
各地新华书店、建筑书店经销
北京科地亚盟排版公司制版
临西县阅读时光印刷有限公司印刷

*

开本：787 毫米×1092 毫米　1/16　印张：8　字数：178 千字
2021 年 11 月第一版　　2021 年 11 月第一次印刷
定价：**118.00** 元
ISBN 978-7-112-26221-2
(36007)

联合基金资助

江西省教育厅科学技术研究项目（GJJ190835）
江西省教育科学"十三五"规划课题（19YB205）
宜春学院地方发展研究中心项目（DF2018020）

序

  煤炭是我国以及世界的主要能源，也是重要的化工原料。我国自 1949 年以来，一次性能源结构中煤炭所占的比重一直在 70％以上。无论是火力发电、金属冶炼、交通运输等，还是化工生产乃至人民生活的方方面面，无一不与煤炭生产密切相关。煤炭被誉为工业的"血液"和"粮食"，因此煤炭工业在我国国民经济中占有举足轻重的作用。作为不可再生能源，煤炭的合理开采和有效利用十分重要，因此，作为煤炭开采过程中的矿井建设以及工程问题，其技术难度较大，是多年来专家学者们一直研究和探讨的问题。

  竖井井筒是煤矿生产的咽喉，它的安全与否，直接影响煤矿的正常生产，所以对井筒变形破裂、破坏及其防护问题的研究已为人们所重视。由于我国的煤炭生产多采用井工开采，受采动、渗水、蠕变等的强烈影响，煤矿竖井井筒经常会出现井壁变形、破裂，尤其是会出现局部甚至全部垮塌，不仅带来的是巨大的经济财产损失，更严重的可能导致人员伤亡。由于所处地层条件复杂多样，地质性质千差万别，煤矿竖井井筒维护存在着难度大、安全性差、成本高等问题，而其中的加固费用往往高达工程总费用的 50％以上。因此，探索正确的矿井竖井井筒加固理论、选择安全可靠的支护方法、确定经济合理的支护参数以及实用高效的施工工艺成了长期以来人们所致力解决的一个重大理论及技术课题。

  我的博士后陆有忠同志的该项研究以实际工程加固为背景，采用较好的数值分析技术和优化理论，并结合工程实践和现场监测，进行了较为详尽的研究与探索。该工作在理论创新的同时，也为同类工程提供了一定的依据，意义重大。

黄克智
于荷清苑

前　　言

研究发现导致井筒垮塌的主要原因是井壁破裂和局部失稳以及其他多种复杂因素，而竖井井壁破裂一直是多年来煤炭行业的一大难题。近年来，由于井壁破裂而引起的重大事故接连不断，且呈上升趋势，轻者停工停产，重者透水淹井，给煤矿生产及煤炭工业建设造成了很大的影响。目前，国内外关于井筒井壁破裂分析的研究成果较多。根据近二十年来大量资料调查统计，全国各个矿区相继有上千口竖井井壁发生了不同程度的破坏，合计年产量约 $3 \times 10^9 t$，有的严重影响了相应矿井的正常生产和安全。因抢修、停产造成的直接和间接损失已达人民币千亿元以上，对今后的井壁设计及施工也提出了严峻的挑战。这样大范围大量的竖井井壁破坏，以及所造成的严重影响，在国内外都前所未有。因此，引起了专家学者及各级管理者的高度重视，并且人们开始对竖井井壁受力状态的传统观念重新审视。各有关科研单位人员通过现场实测、室内物理模型模拟及理论分析，发表了许多有关文章，取得了初步成果，有的已付诸实践。但仍有一些问题尚待进一步研究，一些事实需要进一步分析和阐述。

本书内容以鹤岗矿业集团益新矿混合井竖井塌落井筒工程加固为背景，采用数值分析技术和优化理论，并结合工程实践和现场监测，进行了较为详尽的研究与探索。

本研究主要工作及创新如下：

（1）根据复杂的塌落体模型构造，利用 ANSYS 强大的后处理功能和 FLAC³D 在岩土工程应用方面的优点，编制基于 ANSYS 界面的 FLAC³D 塌落体生成程序，利用这个工具建立了塌落体的三维几何数值模型。根据计算结果对岩体的力学状态进行分析与判断。

（2）运用量纲分析方法分析并推导出不同形式的裂隙渗水压力对井筒井壁围岩的影响。结合数值模拟，提出无水压力和垂直破裂面裂隙水压力作用下导致井筒井壁围岩失稳破裂直至冒落垮塌的岩体结构效应，而岩体结构控制着井筒的塌落形式，量纲分析法可以很好地描述含水结构面井筒井壁失稳过程中所产生的块体滑移、倾倒现象，以及应力分布的不均匀性。在考虑岩体结构性方面，量纲分析方法比其他方法更为合理。

（3）基于井筒井壁围岩所表现出的流变性和软岩的特征，编制相应的程序，改进 FLAC³D 中 Burger′s 蠕变模型，就蠕变在井筒垮塌过程中所起的潜在诱导和破坏作用进行数值模拟研究。对比 FLAC³D 岩体弹塑性模型与改进 Burger′s 蠕变模型后的数值模拟计算结果可得，在时间 $t=0$ 时，岩体某关键点处弹塑性横向位移为 3.57mm，而考虑改进的蠕变模型位移为 4.25m，增加了 19.1%，弹塑性纵深向位移为 7.85mm，而考虑改进的蠕变模型纵深向位移为 10.07mm，增加 28.3%，弹塑性竖向位移为 13.62mm，而考虑改进的蠕变模型竖向位移为 19.74mm，增加 44.9%。这表明改进蠕变模型后计算得到的结果更加精确，能够比较准确地反映井筒井壁失稳垮塌受蠕变影响的机理。因此对本井筒垮塌部位井壁围岩蠕变的研究意义十分重要。

（4）基于煤矿竖井井筒围岩内夹有一定的降至残余强度或接近残余强度值的泥化夹层，将支持向量机理论引入井筒垮塌区进行研究。运用支持向量机方法对该工程背景的泥化夹层残余强度进行预测。利用 Matlab 优化工具箱方便快捷解矩阵方程的功能，编制相应优化方程的 Matlab 程序，用机器学习的方法建立泥化夹层的残余强度与其各种影响因素之间的非线性支持向量机关系，预测新的泥化夹层残余强度。结果表明，SVM 方法预测值精度较高，相对误差小，可为本课题研究背景下深竖井筒在垮塌前后复杂岩体的作用机理认识上提供更加有效的判断。井筒围岩软弱泥化夹层对井筒井壁围岩的失稳垮塌起到了潜在的破坏作用。因此对其研究有比较重要的意义。两类泥化夹层残余强度的精确预测，特别是对残余强度相对较低的黏土类泥化夹层的精确预测，对于垮塌井筒的支护加固都有一定的参考和实用价值。

（5）将数值计算与工程实验相结合，对垮塌井筒恢复工程的锚注加固技术进行研究，提出锚杆支护的动态信息设计方法。并利用三维离散元软件 3DEC 对锚注方案进行多方位模拟计算，通过结果对比，得出最优支护方案，并就加固结果进行了实验监测和锚杆锚索受力分析。

本书的研究内容是作者本人在博士（岩土工程专业）学习期间及毕业以后长期探索的结果，特别感谢我的博士导师高永涛教授以及蔡美峰院士。

2011 年 1 月 25 日经中国煤炭工业协会对该项研究成果进行了鉴定，专家们一致认为该研究达到国际先进水平（中煤协会鉴字［2011］第 351 号）。

特别感谢博士后合作导师、清华大学黄克智院士为本书作序。黄院士作为老一辈科学家，为我国的学科建设和人才培养做出了突出贡献，是学生永远的楷模。

感谢宜春学院给予我帮助的领导和同事！

感谢我的家人给我的鼓励与支持！

感谢中国建筑工业出版社的杨允与王梅老师！

对在研究过程中参阅的所有文献的著（作）者表示崇高敬意和致谢！

由于作者水平有限，书中无疑存在缺点和不足，恳请专家学者不吝批评和赐教！

陆有忠

目　　录

第1章 绪　　论

1.1 引言

　　煤炭是我国以及世界的主要能源，也是重要的化工原料。我国自新中国成立以来，一次性能源结构中煤炭所占的比重一直在70%以上。无论是火力发电、金属冶炼、交通运输等，还是化工生产乃至人民生活的方方面面，无一不与煤炭生产密切相关。煤炭被誉为工业的"血液"和"粮食"，因此煤炭工业在我国国民经济中占有举足轻重的作用。作为不可再生能源，煤炭的合理开采和有效利用十分重要，因此，作为煤炭开采过程中的矿井建设以及工程问题，其技术难度较大，是多年来专家学者们一直研究和探讨的问题[1-6]。

　　竖井井筒是煤矿生产的咽喉，它的安全与否，直接影响煤矿的正常生产，所以对井筒变形破裂、破坏及其防护问题的研究已为人们所重视。由于我国的煤炭生产多采用井工开采，受采动、渗水、蠕变等的强烈影响，煤矿竖井井筒经常会出现井壁变形、破裂，尤其是会出现局部甚至全部垮塌，不仅带来的是巨大的经济财产损失，更严重的可能导致人员伤亡。由于所处地层条件复杂多样，地质性质千差万别，煤矿竖井井筒维护存在着难度大、安全性差、成本高等问题，而其中的加固费用往往高达工程总费用的50%以上。因此，探索正确的矿井竖井井筒加固理论、选择安全可靠的支护方法、确定经济合理的支护参数以及实用高效的施工工艺成了长期以来人们所致力解决的一个重大理论及技术课题[7-12]。

　　研究发现导致井筒垮塌的主要原因是井壁破裂和局部失稳以及其他多种复杂因素，而竖井井壁破裂一直是多年来煤炭行业的一大难题[13-22]。近年来，由于井壁破裂而引起的重大事故接连不断，且呈上升趋势，轻者停工停产，重者透水淹井，给煤矿生产及煤炭工业建设造成了很大的影响。目前，国内外关于井筒井壁破裂分析的研究成果较多[13-25,27-44]。根据近20年来大量资料调查统计，全国各个矿区相继有上千口竖井井壁发生了不同程度的破坏，合计年产量约 3×10^9 t，有的严重影响了相应矿井的正常生产和安全。因抢修、停产造成的直接和间接损失已达人民币千亿元以上，对今后的井壁设计及施工也提出了严峻的挑战。这样大范围大量的竖井井壁破坏，以及所造成的严重影响，在国内外都前所未有过。因此，引起了专家学者及各级管理者的高度重视，并且人们开始对竖井井壁受力状态的传统观念重新审视。各有关科研单位人员通过现场实测、室内物理模型模拟及理论分析，发表了许多有关文章，取得了初步成果，有的已付诸实践[33-44]。但仍有一些问题尚待进一步研究，有一些事实需要进一步分析和阐述。

实际上，由于竖井井壁所承受的井壁重力、地压应力、温度应力及因地下水的规律性下降所引起的负向摩擦力具有一定的规律，所以竖井井壁的应力分布及应变变化理所当然地具有一定的规律性[13-16]。因此，井壁的破裂也必然地呈现出规律性的特征。根据已有资料的研究，竖井井壁的破裂共分为两个阶段：

(1) 冻结壁融化阶段的井壁破裂。

(2) 矿井生产经营阶段（或表土沉降阶段）的井壁破裂。

长期以来，有关井壁的破裂研究，公开发表的论文及相关的科研成果较多，但是关于竖井壁破裂预测方面的研究却很少。在井壁破裂预测方面，有学者结合混凝土井壁的强度准则和矿区地下水下降的规律，建立了竖井井壁破裂的预测理论。专家们通过研究深竖井井壁破裂的力学机理，推导了深竖井井壁的应力分布规律[14-16]。研究还表明，竖井井壁破裂的危险位置与发生破裂的具体时间、矿区地下水的沉降规律以及季节的变化有密切的关系。有些成果还得出竖井井壁破坏的主要原因，是竖井井壁和周围地层间垂直方向上相对运动产生井壁外侧面向下的"井壁负摩擦力"，造成井壁内应力超过原来设计中取无负摩擦力时的允许值，导致井壁破坏，并在此基础之上创建了复合井壁设计理论及卸载槽处理破裂事故的方法[33]。他们通过对具体实例的分析，验证了上述理论的正确性和适用性。复合井壁设计理论及卸载槽处理事故方法虽然对解决这一课题起到了巨大而积极的作用，但由于对负摩擦力成因问题上的认识，在更深入地解释一系列破裂现象方面（破裂的季节性、破裂的时间性及特定的破裂位置）显示出缺陷，在预测竖井井壁的破裂时更是无能为力。近年来，采用复合井壁设计的某些井筒也相继地发生了破裂，重新研究破裂因素显得十分必要。基于这个原因，有些学者对负向摩擦力的成因进行了深入、细致的研究后发现，产生负摩擦力的主要因素是温度变化，井壁破裂的主要因素是温度应力。以此为基础，不仅所有的井壁破裂特征可以得到圆满的解释，而且还可以对井壁的破裂作出预测，为深竖井的设计提供理论依据，对工程现场及井壁设计均具有较大的指导意义[43,44]。

1.1.1 竖井井壁的破坏特征

仔细分析绝大多数破坏的竖井井壁，从地层情况及破坏现象来看，它们有许多的相似之处。

(1) 工程地质与水文地质条件相近[13-16]

① 井壁破坏的竖井井筒一般都穿过较厚的第四系地层，而关键的是第四系地层底部均有底含层（砂、砂砾或砾石含水层），且与下伏煤系地层有水力联系。矿井投产后该底含层水压均明显下降（下降量 50～180m）。开采厚度大时更加显著。

② 凡井壁破坏的竖井井筒周围地层的地表均明显下沉。一般 120～400mm，最大的 550mm。

（2）破坏现象相似[18-20]

① 破裂位置：井壁破裂位置大多数都位于第四系地层与基岩交界附近，而在底含层（砂、砂砾或砾石含水层）中的居多，强风化带基岩中的居少。破裂范围最小的 0.8m，最大的 160m。

② 破坏形态：多数井壁破裂是内表层混凝土局部呈片状剥落，然后向井壁内扩展，有的深达 300mm。这种破裂向井壁环向扩展而形成环状破坏带，还有少数破坏范围沿纵向上、下扩展。井壁内的纵向钢筋向井中心凸曲，呈压裂破坏形态，井内罐道等设施纵向压缩弯曲。

（3）破坏的时候和时间：有统计表明，井壁破坏一般发生在每年的 4～10 月份，而 7～8 月份居多[40]。井壁的破坏时间几乎都发生在投产后若干年，其中投产后 2～8 年者居多。短的只有 100 多天，长的也有 50 多年，还有个别的尚没投产已发生破坏，但这是极少数情况。

1.1.2　破坏机理假说

近 20 年来各有关单位的专家、学者对井筒井壁破裂的问题开展了大量的调查、实测、模拟等研究工作，提出井壁破坏机理的若干见解，如负摩擦力假说、新构造运动假说、"三因素"假说等[40]。在考查某一种结果受众多因素影响时，其中必有一种是最主要因素，其他的为次要因素，或次主要因素。而从众多因素中找出主要因素的方法有多种，如排除法、比较法、验证法、推理法等。目前从造成各个矿区大范围井壁破坏许多成因及各种假说中，找到一种主要因素及一种更符合井壁的破坏机理并不十分困难。

首先是"新构造运动"假说。该假说认为由于现代地壳运动，某地区地层发生区域性水平挤压，在第四系地层与基岩交界处产生应力集中而使井壁破坏。这种说法事实依据来自部分统计资料[24]，故可成为部分地区部分破坏井壁的可靠性理论。这种假说另一个根据是有相当一部分井壁的破裂发生恰好是新构造运动最活跃期。在这种研究中，所选破裂井筒样本在同一期间内建井者居多，煤层开采及地面用水影响第四系地层水位下降、有效应力增加会产生地层固结的现象一般是在投产后 2～8 年（与第四系地层水力联系及地层性质有关），即发生"破坏时间集中"现象。

其次是"渗流变形"假说。该假说认为煤层开采导致底含层排水而产生渗流，使地层沉降，造成井壁破坏。这种假说不能很好地解释为什么 7～8 月份井壁破坏最多、冻结法井筒比钻井法井壁破坏得早和多这两种情况。

再次是"负摩擦力"假说。该假说是基于地表下沉、水位下降，以基础工程中"桩"的负摩擦力来命名井壁侧产生向下的摩擦力，与渗流变形假说大同小异，只是从井筒受力状态出发而已。

另外还有"纵向附加力"假说。该假说除了包含上述"渗流变形假说"及"负摩擦力假说"的因素外，还考虑了季节变化引起井壁温度变化而在其内产生竖向压力以及冻结井井壁侧周地层融化沉降影响这两个次要因素。该假说能够解释为什么 7～8 月井壁破坏多（温度应力）、冻结井井壁先于钻井井壁破坏且数量多这些事实，比渗流变形假说、负摩擦力假说更全面些。"纵向附加力"概念上不如人们已熟知的"负摩擦力"清晰，这里应该改为"井壁负摩擦力"以区别于桩的"负摩擦力"。因为井壁负摩擦力中还包含因气温升高在井内通风而使井壁伸长（向上），造成井壁侧与地层之间产生摩擦力（若有相对运动），或井壁内产生竖向压应力（几乎无相对运动）。

1.2 课题来源及研究意义

近年来，我国矿难频繁发生，单是煤炭行业，全国每年就有近 7000 人在采矿业的爆炸、透水、塌方和其他事故中丧生。以下是近几年比较大的几次矿难事故及所带来的人员伤亡和经济损失。

2001 年 7 月，广西南丹矿井发生透水事故，造成 81 人遇难，直接经济损失达 8000 余万元。

2004 年 11 月 28 日 7 时 6 分，陕西省铜川矿务局陈家山煤矿发生特别重大瓦斯爆炸事故，造成 166 人死亡，45 人受伤，直接经济损失 4165.9 万元。

2005 年 2 月 14 日 15 时，辽宁省阜新矿业（集团）有限责任公司孙家湾煤矿海州竖井发生一起特别重大瓦斯爆炸事故，造成 214 人死亡，30 人受伤，直接经济损失 4968.9 万元。专家组和事故调查组确定事故直接原因是：冲击地压造成 3316 工作面风道外段大量瓦斯异常涌出，3316 风道里段掘进工作面局部停风造成瓦斯积聚，致使回风流中瓦斯浓度达到爆炸界限；工人违章带电检修架子道距专用回风上山 8m 处临时配电点的照明信号综合保护装置，产生电火花引起瓦斯爆炸。

2005 年 08 月 07 日广东省梅州市兴宁市黄槐镇大兴煤矿发生透水事故，造成 123 名工人死在井下，直接经济损失 4725 万元。

中国矿难每年直接经济损失高达 10 亿元。分析所有矿难的成因，不难得出大部分特大型矿难（指造成严重人员伤亡和重大经济损失）发生的主要原因有如下三种：瓦斯爆炸、透水和冒顶。无论是哪一种形式的矿难，其频繁地发生为矿井加固都提出了严峻的挑战。

本书是以黑龙江省鹤岗市鹤岗矿业集团益新矿混合井竖井塌落井筒工程加固为背景，依据先进的数值计算优化理论，运用大型有限元软件 ANSYS 和三维有限差分软件 FLAC^{3D} 建立了井筒垮塌模型，综合分析并研究导致竖井井壁破裂和垮塌的各种因素。通过深入研究煤矿竖井井筒的垮塌机理，提出合理的支护加固方式方法，探索出最佳的竖井井筒工程加固优化方案,并就井筒围岩蠕变以及软弱泥化夹层等进行了较详尽的研究。能够为防治同类重大工程地质灾害问题的再度发生提供有益的理论和技术指导,正是本课题的意义所在。

本课题曾得到教育部重点基金项目(项目编号:105016)和国家自然科学基金项目(项目编号:50074002)的资助。

第2章 研究进展及立井井筒变形数学模型
以及井壁破裂原因简介

2.1 国外煤矿竖井井筒井壁破裂和垮塌机理及加固研究现状

国外煤矿竖井井筒井壁围岩破裂甚至垮塌的机理及工程加固研究已有相当一段历史[1-5,27-32]。

D. S. Kim 等研究了位于巨厚冲积层表土下，竖井破坏的特点及力学机理。根据井筒破坏的力学机理，设计和制定了预防及加固竖井破坏的技术方案卸压套壁法[27]。

M. M. Khan 等采用力学分析、数值模拟、神经网络等方法，建立了竖井井筒破坏的快速分析计算方法及竖井井筒破坏的神经网络预测系统，且给出了新的治理方法与设计，为彻底地根治竖井井筒破坏的工程地质灾害提供了新的思路与理论依据。他们的主要贡献有：（1）基于竖井井筒具体的工程地质及水文地质条件建立了竖井井筒破坏的数值模拟计算模型，对井筒破坏过程中的水、土、井筒三者的相互作用进行耦合模拟计算分析，确定竖井井筒非采动破坏（初次破坏与重复破坏）的发生过程及发生机理，形成一套有效的竖井井筒破坏过程数值模拟计算方法与流程。（2）根据竖井井筒非采动破坏的工程地质力学模型，建立了竖井井筒非采动破坏过程的力学分析计算方法，对已建竖井井筒破坏进行预防与治理，对类似工程地质条件下的矿区的新建竖井设计提供了计算依据。（3）基于模糊神经网络理论与竖井井筒具体的工程地质及水文地质条件建立了竖井井筒破坏的模糊神经网络预测与判别系统，用此结果来指导矿山生产，形成一套有效的竖井井筒破坏预测与判别方法[28]。

G. Bruneau 等经过研究提出了竖井井筒非采动破裂的混凝土灌注摩擦桩治理方法，采用数值模拟方法对于治理前后底含水处井壁附加剪力进行模拟计算，该结果表明，在相同水头降的情况下，治理后的井壁附加剪力较治理前明显减小。并且认为竖井井筒破裂时，在底含水、基岩、井筒之间包含三个同时发生的变化过程：（1）底含水由基岩向矿井中的渗流。（2）深厚表土底部含水层的失水固结沉降与井壁附加力的产生。（3）竖井井筒在附加力的作用下发生变形[29,30]。

Min-Yung Chang 等通过引入边界位移函数，建立了上端自由、下端固支的竖井井筒模型在任意轴对称荷载作用下的状态方程，给出了问题的解析解。由于该方法定解边界位移时采用传递矩阵技术和分层法，因此其计算结果的精度具有可以控制的特点[31]。

H. B. H. Gubran 等应用模拟试验与现场工程监测等研究方法研究井壁破裂机理，得出如下结论：在深厚表土层中的含水层直接覆盖在煤系地层之上或与煤系地层有较好水力联系，含水层含水丰富，但疏排水时水补给不足的特定条件下（即特殊地层条件），由于采矿活动或人为疏排水使含水层水位下降而固结压缩，造成地层下沉。在下沉过程中，地层对井筒外壁施加一个竖直附加力，该力是导致井壁破裂的主要原因[32]。

2.2　我国煤矿竖井井筒井壁围岩破裂和垮塌机理及加固研究现状

我国在煤矿竖井井筒井壁围岩破裂和垮塌机理以及加固研究方面也取得了一系列的研究成果，特别是近年来发展迅速[13-21,37-44]。

琚宜文等经过研究得出了竖井井壁应力套筒致裂测试的基本原理及井壁应力分析的基本公式[21,33]。

李定龙等以淮北海孜煤矿为原型进行了底含渗透变形与井筒破裂的模型模拟试验研究。该试验对底含土体应力、位移、孔隙水压力及井壁应力应变等多项指标进行了观测分析，揭示了深埋藏含水层渗突水后土体及其中刚性体的井筒所呈现的一些独特的工程地质特征。试验表明，在底含渗突水条件下，底含顶界面井壁纵向应力升高趋势明显，底含砂层中井壁受力应变呈非稳定变化，井壁周边纵向应力分布具有较大不均匀性，底含土体内水平应力呈降低趋势。导致井壁应变特性的主要原因是底含水动力条件、静压条件变化、渗流潜蚀架空土体作用及上覆黏土板层与井筒所形成的板-柱结构[35]。

独知行等[38]经过研究认为：矿山井筒在运营期间的监测与维护是矿井安全生产中必不可少的工作内容。只有对井筒实施长期全面的变形监测，掌握井筒的安全状态，寻求井筒变形的内在规律，并对井筒变形破坏机理和影响因素进行深入科学地分析，才能为井筒的维护与治理提供可靠的信息资料，从根本上消除井筒破坏对安全生产的威胁。因此他们认为确定井筒变形的数学模型进行模式分析非常关键，由此可以获得井筒变形规律和变形状态的定量描述，有效地提取井筒变形影响因素和各因素的影响程度，为没有实施监测的变形因素相同或类似的井筒提供维护治理的可靠信息资料，并为井壁破坏提出预警报告。矿山井筒在运营期间的监测与维护是矿井安全生产中必不可少的工作内容。

经来旺等[15,16]从物理学中的热胀性原理及热传递理论入手，全面考虑了固体力学中的热弹性理论、材料力学中的静不定问题的求解方法以及土与弹性固体之间的相互作用原理，着重研究了作用于井筒外壁上的摩擦力分布规律，并通过具体算例分析了立井井壁危险层面处的各应力成分，以及竖井井壁温度应力的形成与其对井壁破裂的重要作用，推出了求解温度应力的解析公式。该结果表明，危险层面上的竖向温度应力高达 80%，环向温度应力高达 70%，因而得出了产生负向摩擦力的主要因素是温度变化，"温度应力才是导致立井井壁破裂的最主要因素"的重要结论。所以竖井井壁设计时应充分考虑温度应力的影响。

谢洪彬[37]根据井壁破坏的形态特征及有关监测数据资料分析得出基岩段井壁破坏，并非表土段井壁所受附加力传递所致，而结晶性侵蚀是造成井筒基岩段混凝土井壁破坏的主要原因，温度应力为加剧混凝土井壁的侵蚀作用，提供了有利的环境条件。

刘向君等认为岩石弱面结构对井壁的稳定性有一定的影响[20]。他们在连续介质力学井壁稳定性分析的基础上，采用简化的岩石软弱面地质模型和力学模型，计算分析了岩石软弱面产状、摩擦系数对直井和斜井井壁稳定性的影响。结果表明，相同作业条件下，岩石软弱面的稳定性明显低于基质岩块的稳定性，当井周围存在裂缝或节理等软弱面时，井壁的稳定性将受到软弱面的影响而明显降低，岩石软弱面摩擦系数增大，软弱面的稳定性必然增大。斜井条件下，井壁失稳的位置和失稳的程度都与软弱面的产状密切相关，竖井条件下，井壁垮塌的方位将可能偏离原地最小主应力的方位，而主要取决于软弱面的产状。

2.3 理论分析

2.3.1 井筒变形数学模型的建立

井筒变形监测的目的在于了解井筒变形的内在规律和变形机理，为井筒的维护与治理提供可靠的依据。综合有关地区井筒破坏的资料，通过分析井筒的破坏机理与特征，并将井筒变形模式细分为 7 个子模式，如图 2.1 所示。

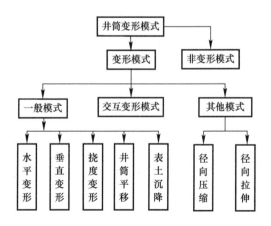

图 2.1 井筒变形模式框图

其中 5 个主要的子模式数学模型[38,114-116]分别如下：

（1）水平变形（倾斜变形）

设井筒总体水平变形的模型为

$$\left.\begin{array}{l}\Delta x_i = k_x l_i \\ \Delta y_i = k_y l_i\end{array}\right\} \quad i = 1, 2, \cdots, n \tag{2.1}$$

式中 Δx_i，Δy_i 为第 i 点的水平位移量；k_x，k_y 分别为 x，y 方向的倾斜斜率；l_i 为第 i 点距基点的长度。根据各组观测值 $(\Delta x_i, l_i)$，$(\Delta y_i, l_i)$，利用最小二乘法求得 k_x，k_y 的估值 $\hat{k}_x$，$\hat{k}_y$ 和单位权方差 $\hat{\sigma}$，并进行估值的显著性检验。

（2）垂直变形

将井筒看作一个弹性体，则有

$$\Delta Z_i = \varepsilon_z l_i, \quad i = 1, 2, \cdots, n \tag{2.2}$$

式中，ΔZ_i 为由第 i 点求得的垂直变形量；ε_z 为线应变；l_i 为第 i 点到基点的长度。用最小二乘法求解 ε_z 的估值，并对其进行显著性检验。

（3）挠度变形

将井筒看作一个弹性体，受力时发生弯曲产生挠度变形，设变形模式为

$$\left.\begin{array}{l}\Delta x_i = P_0 l_i^2 \\ \Delta y_i = P_0 l_i^2\end{array}\right\} \quad i = 1, 2, \cdots, n \tag{2.3}$$

式中 Δx_i，Δy_i，l_i 同式（2.1），P_0 为挠度变形系数。用最小二乘法求得 P_0 的估值为 $\hat{P}_0$，并进行显著性检验。

（4）井筒平移

$$\left.\begin{array}{l}\Delta x_i = a_0 + k_x l_i \\ \Delta y_i = b_0 + k_y l_i\end{array}\right\} \quad i = 1, 2, \cdots, n \tag{2.4}$$

Δx_i，Δy_i，l_i，k_x，k_y 同式（2.1）。a_0，b_0 为平移量。用最小二乘法求得 a_0，b_0，k_x 和 k_y 的估值分别为 $\hat{a}_0$，$\hat{b}_0$，$\hat{k}_x$，$\hat{k}_y$，并对参数 $\hat{a}_0$，$\hat{b}_0$ 做显著性检验。

（5）径向变形

设在井筒两个近似对径位置有两条侧线，且两个坐标系统的 x，y 方向近似同向，各测点的坐标增量观测值如下：

测线 1：

$$\left.\begin{array}{l}(\Delta x_1', l_1'), (\Delta x_2', l_2'), \cdots, (\Delta x_n', l_n') \\ (\Delta y_1', l_1'), (\Delta y_2', l_2'), \cdots, (\Delta y_n', l_n')\end{array}\right\} \tag{2.5}$$

侧线 2：

$$\left.\begin{array}{l}(\Delta x_1'', l_1''), (\Delta x_2'', l_2''), \cdots, (\Delta x_n'', l_n'') \\ (\Delta y_1'', l_1''), (\Delta y_2'', l_2''), \cdots, (\Delta y_n'', l_n'')\end{array}\right\} \tag{2.6}$$

分别计算出 $\Delta x'$ 与 $\Delta x''$，$\Delta y'$ 与 $\Delta y''$ 的相关系数 $\rho_{\Delta x' \Delta x''}$ 和 $\rho_{\Delta y' \Delta y''}$，若 $\rho_{\Delta x' \Delta x''} > 0.7$ 说明是正相关，即井筒无径向变形。如果 $\rho_{\Delta x' \Delta x''} < 0$ 且 $|\rho_{\Delta x' \Delta x''}| > 0.7$ 说明是负相关，即井筒有径向变形。同样根据 $\rho_{\Delta y' \Delta y''}$ 对另一方向进行径向变形分析。

2.3.2 竖井井筒摩擦力分析

竖井井筒所承受的来自表土的摩擦力主要有 3 个组成部分[13-18]：①井壁重力引起的摩擦力，②温度变化引起的摩擦力，③表土沉降引起的摩擦力（图 2.2 （b），（c），（d）所示）。其中第一种摩擦力的方向向上（正摩擦力），后两种摩擦力方向向下（即负摩擦力）。在竖井井壁处于线弹性范围内时，这三部分摩擦力相互有效叠加，就形成了竖井井筒摩擦力的综合分布规律，如图 2.2 （a）所示。图中 A，B，C，D 四处特殊位置由井壁重力引起的摩擦力分别为

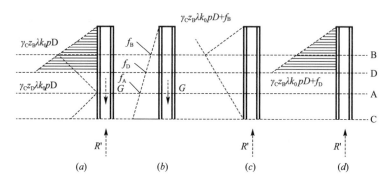

图 2.2　井筒摩擦力分布规律

$$\left.\begin{aligned} f_B &= 2Gz_B/(H^2) \\ f_D &= 2Gz_D/(H^2) \\ f_A &= 2Gz_A/(H^2) \\ f_C &= 2Gz_C/(H^2) \end{aligned}\right\} \tag{2.7}$$

式中，H 为表土段的井筒长度，m；z_A，z_B，z_C，z_D 分别为 A，B，C，D 截面距井口的距离，m；G 为表土段井壁所受重力，$G = (pD^2 - pd^2)H\gamma_C/4$，N；$D$ 为井筒外径，m；d 为井筒内径，m；一般计算中，取表土与外井壁之间的静摩擦因素 $k_0 = 0.3$，侧压系数 $\lambda = \tan^2(45° - \varphi/2)$，$\varphi$ 为表土的内摩擦角，一般表土的 $\varphi = 30°$，代入上式得 $\lambda = 0.33$。

将这几个值代入计算，则 f_C 值远小于最大静摩擦力。因此，对某一确定的井筒，该摩擦力分布规律及数值是固定不变的，在研究井壁温度应力时可不考虑其影响。因温度变化引起的摩擦力，最初发生在冻结壁融化阶段。当冷冻系统停止运转以后，一方面，井筒周围的表土冻土在这个过程中因温度升高而收缩（热缩）。另一方面，竖井井筒因温度升高而伸长（热伸）。这样，井筒同表土之间必然会产生相对滑动或滑动趋势，从而产生摩擦力。由于表土段竖井井壁壁座的约束作用，竖井井筒的伸长只能够向上发生，故负向摩擦力的分布应如图 2.2 （c）所示（摩擦力分布图只是一种计算图，而不是实际分布图，其中包含有井筒向上伸长过程中抵消掉的因壁重引起的向下的部分摩擦力）。对于无壁座竖井井筒，因坚硬岩石的约束作用，表土段井筒的伸长同样也只能向上发生。在表土不发生

沉降的情况下，该摩擦力的大小及分布会随着流经井筒的空气温度的改变而改变，通常冬季摩擦力减小，B 截面上移，夏季摩擦力增大，B 截面下降，从而造成井筒横截面上竖向应力的波动。此处需注意 B 截面处的摩擦力（图 2.2b），因 B 截面的摩擦力 f_B 方向向上，而图 2.2（c）中 B 截面的摩擦力 f_B 方向向下，故可推知：图 2.2（c）中 B 截面摩擦力的数值应为向上摩擦力 f_B 和向下最大静摩擦力 $\gamma_C Z_B \lambda k_0 p D$ 之和，即

$$f'_B = \gamma_C Z_B \lambda k_0 p D + f_B \qquad (2.8)$$

式中，γ_C 为表土的平均密度，为了方便计算，这里取 $\gamma_C = 1900 \text{kg/m}^3$。

对于表土沉降引起的摩擦力，在温度不变的情况下，因表土沉降是随地下水的流失分层进行的，故发生流失的地下水水位以上的表土部分同井壁之间的摩擦力不可能全部达到滑动摩擦力。但是，因地下水的流失，该部分表土会相对于外井壁产生程度不同的向下滑动的趋势。每年的夏季，随着竖井井壁受热向上伸长，这种趋势就会转变成表土同外井壁之间的滑动摩擦力。由于该部分负向摩擦力中的绝大部分是因为温度升高而产生的，从而说明了世界各国的竖井井壁破坏绝大部分发生在每年夏季的原因。因滑动摩擦力的形成需经过最大静摩擦力阶段，故计算时可按最大静摩擦力进行计算。图 2.2（a）表示的井筒所受的摩擦力为各因素共同作用下的总摩擦力，即为（b）、（c）、（d）三井筒所受摩擦力的有机叠加。此处的"有机叠加"并非简单的代数加减。因井壁同表土之间的摩擦力最大也只能达滑动摩擦力或最大静摩擦力，故图 2.2 中 B 截面以上部分摩擦力最终数值应为滑动摩擦力或最大静摩擦力（计算时应按最大静摩擦力代入计算），而 B 截面之下的摩擦力的相互叠加则产生了一个对研究竖井井壁破裂位置有重要作用的特殊位置，即中性层 A。该层之上，摩擦力方向向上，该层之下，摩擦力方向向下，该层处，摩擦力为零。在不考虑井壁自重的情况下，该截面上的竖向应力达最大值，而在考虑井壁自重的情况下，AC/2 截面处应为最危险层面，如若再考虑地压引起的竖向应力，危险层面则应位于 AC/2 截面稍微偏下的部位，但为了方便计算起见，通常可近似认为 AC/2 截面处即为井壁发生破裂的最危险位置之一（除此位置之外，当表土的深度达一定数值时，C 截面也会成为危险截面）。

由上述的分析可知：图 2.2（b）中的摩擦力决定于井壁自重，为一定值。图 2.2（c）、（d）中的摩擦力基本上决定于井壁的温度变化，为一变量，数值远大于图 2.2（b）中的静摩擦力，故图 2.2（a）中的摩擦力的动态分布规律决定于温度变化。

2.3.3　温度应力分析

竖井井壁中温度应力[43,44]的产生主要有三方面的因素：由温度引起的负向摩擦力产生的温度应力，井筒内、外壁温差产生的温度应力和温度升高、井筒径向膨胀受阻产生的温度应力。

这里重点讨论温度变化引起负向摩擦力产生的温度应力，对于后两者引起的温度应力讨论方法雷同，这里不再赘述。

由于图 2.2 (a) 中的摩擦力为温度与井壁重量引起的两部分摩擦力相加得到，因此，温度引起的负向摩擦力应为图 2.2 (a) 中的摩擦力与图 2.2 (b) 中的摩擦力相减的结果，具体见图 2.3。从图中可看出，D 截面上下部分摩擦力的分布规律是不同的，因此，D 截面上下部分因摩擦力引起的竖向温度应力也应具有不同的分布规律。为了求出该分布规律的解析解，首先，必须求出 B 截面的位置及壁座或坚硬基岩的约束反力 R'。此处的 z_B 可由下式求得：

$$\left.\begin{aligned}
z_B &= \frac{2Gz_A}{2G + \gamma_C \lambda k_0 pDH(H - z_A)} \\
&[6\alpha_f \Delta T H^2 EA + 2G(H - z_A)z_A] \times [2G + \gamma_C k_0 p \cdot \\
&DH(H - z_A)] = 6GH(2G + \gamma_C \lambda k_0 pDH^2)z_A
\end{aligned}\right\} \tag{2.9}$$

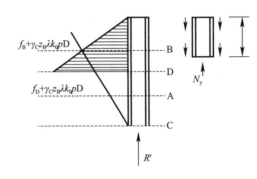

图 2.3　温度变化引起摩擦力的分布规律

式中，$G = (pD^2 - pd^2)H\gamma_e/4$，其他参数物理意义同上节；$\gamma_e$ 为竖井井壁的平均密度；E 为井壁的弹性模量；α_f 为竖井井壁的材料膨胀系数。为了计算方便，这里取 $\gamma_e = 2500\text{kg/m}^3$，$E = 25.48\text{GPa}$，$\alpha_f = 10^{-5}\text{℃}^{-1}$，$\Delta T$ 为井壁破裂时温度同冻结壁融化前井壁的温度差，℃。

由于内、外壁温差的存在，此处的 ΔT 并非是计算应力时的外井壁温度同井壁施工时的外井壁温度 T_0 的直接差值，而是某一个数值，由这一数值计算得来的外井壁纵向的伸长量 $\Delta L = \alpha_f L \Delta T$ 同外井壁的实际伸长量应相等。外井壁的实际伸长量可根据温度应力场理论计算得到。对于两端自由的空心圆柱体，其温度应力为[47]

$$\left.\begin{aligned}
\sigma_r &= \vartheta\left[-\ln\frac{b}{r} + \frac{a^2}{b^2 - a^2}\left(\frac{b^2}{r^2} - 1\right)\ln\frac{b}{a}\right] \\
\sigma_\theta &= \vartheta\left[1 - \ln\frac{b}{r} + \frac{a^2}{b^2 - a^2}\left(\frac{b^2}{r^2} + 1\right)\ln\frac{b}{a}\right] \\
\sigma_z &= \vartheta\left[1 - \ln\frac{b}{r} - \frac{a^2}{b^2 - a^2}\ln\frac{b}{a}\right] \\
\vartheta &= \frac{\alpha_f E}{1 - u}\frac{T_a - T_b}{2\ln\frac{b}{a}}
\end{aligned}\right\} \tag{2.10}$$

将式 (2.10) 代入式 (2.11)[11]

$$\left.\begin{aligned} \varepsilon_z &= \frac{1}{E}\big[\sigma_z - u(\sigma_r + \sigma_\theta)\big] + \alpha_f T \\ \varepsilon_\theta &= \frac{1}{E}\big[\sigma_\theta - u(\sigma_z + \sigma_r)\big] + \alpha_f T \end{aligned}\right\} \tag{2.11}$$

经整理可得

$$\varepsilon_z = \frac{\alpha_f(T_a - T_b)}{2\ln\dfrac{b}{a}}\left(1 - 2\ln\frac{b}{r} - \frac{2a^2}{b^2 - a^2}\ln\frac{b}{a}\right) + \alpha_f T \tag{2.12}$$

其中

$$T = T_a\left[\ln\left(\frac{b}{r}\right)\Big/\ln\left(\frac{b}{a}\right)\right] + T_b\left[\ln\left(\frac{a}{r}\right)\Big/\ln\left(\frac{a}{b}\right)\right] \tag{2.13}$$

将 $\varepsilon_z|_{r=b}$ 同表土段井壁长度相乘，即可得外井壁仅因温度变化及内外壁温差下所发生的伸长量为

$$\Delta L = H\varepsilon_z = \frac{\alpha_f H(T_a - T_b)}{2\ln\dfrac{b}{a}}\left(1 - \frac{2a^2}{b^2 - a^2}\ln\frac{b}{a}\right) + \alpha_f T_b H \tag{2.14}$$

根据 ΔT 的含义，对于长为 H 的长圆柱体应有 $\alpha_f H\Delta T = \Delta L$，将式（2.14）代入并整理可得

$$\Delta T = \frac{H\varepsilon_z}{\alpha_f H} = \frac{(T_a - T_b)}{2\ln\dfrac{b}{a}}\left(1 - \frac{2a^2}{b^2 - a^2}\ln\frac{b}{a}\right) + T_b \tag{2.15}$$

于是 ΔT 被确定，进而 z_B 和 R' 的数值均可客观地求出。

由图 2.3 中摩擦力的分布规律可知：井筒中，D 截面上方与 D 截面下方竖向温度应力的分布规律是不同的。对于 D 截面之上部分，因存在关系：

$$\left.\begin{aligned} \frac{1}{2}f_y y &= N_y = \sigma_y\,\frac{p}{4}(D^2 - d^2) \\ \frac{f_y}{f_D + \gamma_e z_D \lambda k_0 pD} &= \frac{y}{z_D} \end{aligned}\right\} \tag{2.16}$$

从而可求出该部分竖向温度应力分布规律如下：

$$\sigma_y = \frac{2y(f_D + \gamma_e z_D \lambda k_0 pD)}{p(D^2 - d^2)}\,\frac{y}{z_D} \quad (y \leqslant z_D) \tag{2.17}$$

对于 D 截面以下的部分，同理可得：

$$\sigma_y = \frac{R'(H - z_B) - \dfrac{1}{2}(H - y)^2(f_B + \gamma_e z_B \lambda k_0 pD)}{p(D^2 - d^2)(H - z_B)}\,\frac{y}{z_D} \quad (z_D \leqslant y \leqslant H) \tag{2.18}$$

式（2.17），式（2.18）即为因温度变化引起的负向摩擦力所导致的竖向温度应力表达式。据此表达式，井壁各部分因摩擦力引起的竖向温度应力均可求出。此外，由于 D 截面以上部位已达最大静摩擦力，故为了精确起见，也可按表土的不同性质、种类分层计算摩擦力，此时的地压应按下式计算：

$$p_{i\pm} = \sum_{i=1}^{n-1} \gamma_{ei} h_i \lambda_i \left.\right\}$$
$$p_{i\mp} = \sum_{i=1}^{n} \gamma_{ei} h_i \lambda_i \left.\right\}$$

(2.19)

以上诸式中，r 为井筒内任一点距井筒轴线的距离，m；T_a、T_b 分别为以 T_0 为计算基准所得到的井筒内、外壁的温度，℃。σ_r、σ_θ、σ_z 分别表示径向、环向、竖向应力，MPa；a、b 为内、外壁半径，m；$D=2b$，$d=2a$；u 为混凝土井壁的泊松比；i 分别代表某一土层的层数；h 代表相应土层的厚度，m；$p_{i\pm}$ 和 $p_{i\mp}$ 分别代表相应土层的顶面处和底面处的侧向地压，MPa。

2.3.4 岩石软弱面结构分析

岩石软弱面[20,23,49,111]是指与井壁相切割的各种节理面和裂缝面。软弱面稳定性分析是在完整井壁稳定性分析的基础上开展的。被岩石软弱面切割的井壁的稳定性取决于基质岩块的稳定性和岩石软弱面的稳定性。分析软弱面对井壁稳定性的影响时，首先假定井壁周围不存在任何与井壁相切割的节理面和裂缝面，在一定的井筒内压下，计算井壁周围地层中的应力分布，然后假定有一软弱面与井壁相切割，并将已计算得到的井壁周围地层中的应力分解到软弱面上，进而检查在该井筒内压作用下，完整地层的井壁稳定性和其中软弱面的稳定性。对任意井，首先将原地应力转换到相应的井眼坐标系，其次在井眼坐标系下，计算井眼周围地层中的地应力分布，记为 σ_r、σ_θ、σ_z、$\tau_{r\theta}$、τ_{rz} 和 $\tau_{\theta z}$，并将 σ_r、σ_θ、σ_z、$\tau_{r\theta}$、τ_{rz} 和 $\tau_{\theta z}$ 转换到软弱面坐标系下，计算作用在软弱面上的正应力和剪应力，然后利用 M-C 强度判别准则分析完整井壁的稳定性和软弱面的稳定性。σ_r、σ_θ 和 σ_z 分别为径向、环向和竖向应力，$\tau_{r\theta}$、τ_{rz} 和 $\tau_{\theta z}$ 分别为 r、θ、z 平面上的剪应力。

采用公式（2.20）形式的 Mohr-Coulomb 强度准则分析处于基质岩块中的完整井壁的稳定性。

$$f = \sigma_1 - \left(\frac{1+\sin\varphi}{1-\sin\varphi}\right)\sigma_3 - \frac{2c\cos\varphi}{1-\sin\varphi}$$

(2.20)

式中，f 为稳定性系数。$f>0$，井筒井壁岩体失稳，$f=0$，岩体处于极限平衡状态，$f<0$ 岩体稳定，f 越小，岩体的稳定性越高。

采用公式（2.21）形式的 Mohr-Coulomb 强度准则分析软弱面的稳定性。

$$f_f = (\sigma_f \tan\varphi_f + C_f) - \tau_f$$

(2.21)

式中，f_f 为岩石软弱面的稳定性系数。$f_f<0$，软弱面失稳，$f_f=0$，软弱面处于极限平衡状态，$f_f>0$ 软弱面稳定，f_f 越大，软弱面的稳定性越高。其中，σ_1 和 σ_3 分别为作用在井壁上的最大、最小主应力；φ 为岩石的内摩擦角；C 为岩石的黏聚力；σ_f 为作用在岩石软弱面上的正应力；τ_f 为作用在岩石软弱面上的剪应力；φ_f 为岩石软弱面的内摩擦角；C_f 为岩石软弱面的黏聚力。

2.4　本书所做主要工作

本书所研究主要内容及创新如下：

（1）编制基于 ANSYS 界面的 FLAC[3D] 塌落体生成程序，建立井筒垮塌部位三维数值模型。由于井筒长期缺乏保养和防护，造成岩体风化和渗水，强度降低，尤其是裂隙水压力作用下可能加速了井筒的失稳垮塌。因此对其裂隙渗水压力进行量纲方法推导分析，并结合数值模拟，提出无水压力和垂直破裂面裂隙水压力作用下导致井筒井壁围岩失稳破裂直至冒落垮塌的岩体结构效应。

从模型构造上分析，该模型的难点主要是塌落体形状比较复杂。怎么根据已有资料建立其几何数值模型是一个难点。经过深入分析和参数调试，利用 ANSYS 强大的后处理功能和 FLAC[3D] 在岩土工程应用方面的优点，编制一个基于 ANSYS 界面的 FLAC[3D] 塌落体生成程序，利用这个工具建立塌落体的几何模型。主要原理是将塌落体看成是由一个平面进行拉伸得到的。将工程现场所提供的资料数据输入程序后即可得到断面数据和塌落线数据，这样就可以通过几何运算得到塌落体的几何模型。把整个模型划分成很多小块，再取各个小块的点，然后建模。

（2）运用量纲分析方法分析并推导出不同形式的裂隙渗水压力对井筒井壁围岩的影响。结合数值模拟，提出无水压力和垂直破裂面裂隙水压力作用下导致井筒井壁围岩失稳破裂直至冒落垮塌的岩体结构效应，而岩体结构控制着井筒的塌落形式，量纲分析法可以很好地描述含水结构面井筒井壁失稳过程中所产生的块体滑移、倾倒现象，以及应力分布的不均匀性。在考虑岩体结构性方面，量纲分析方法比其他方法更为合理。

（3）改进了 Burger′s 蠕变模型并研究蠕变在井筒垮塌过程中所起的潜在诱导和破坏作用。

本课题研究矿区垮塌区岩体组合复杂，单块岩体强度较高，但整体强度偏低。监测资料表明，该竖井围岩应力分布具有极强的时间效应，随着时间推移，围岩应力显示出明显的阶段性。总体上表现出来压快、初期压力大直至失稳垮塌，随后为应力调整期，应力随时间不断增加，但增加速率降低，之后围岩应力进入平衡期，持续时间较长。这些特征反映出围岩具有明显的流变性，显示出软岩的特征。

改进 Burger′s 蠕变模型理论并研究井筒围岩的蠕变特性，在 FLAC[3D] 平台上通过改进其蠕变模块分析岩体黏弹塑性变形随应力水平不同和时间发展的变化规律，考虑某些力学参数随着时间变化而演化的规律，准确反映岩体的黏弹塑性变形性能以及本矿弱层条件下发生蠕变对井筒垮塌过程中所起的作用。根据数值模拟过程以及结果，很容易得出弱层蠕动变形在竖井井筒失稳乃至局部垮塌的过程中起了很关键的破坏作用，因此进行蠕变分析研究有很重要的意义。

（4）建立井筒围岩泥化夹层残余强度的支持向量机预测模型。

根据工程现场提供的监测资料，本课题研究煤矿竖井井筒围岩内夹有一定的泥化夹层，这些泥化夹层的强度在构造错动和地下水的作用下已经降至残余强度或接近残余强度值。对于井筒围岩的失稳垮塌起到了一定的潜在破坏作用。引入支持向量机方法对该工程背景的泥化夹层残余强度进行预测，从力学机理上分析井筒塌落的内在原因。首次将支持向量机理论引入井筒垮塌区进行研究。利用 Matlab 优化工具箱方便快捷解矩阵方程的功能，编制相应优化方程的 Matlab 程序。分析井筒垮塌的机理，泥化夹层或软弱泥化夹层是最主要的诱导因素之一，因此用机器学习的方法建立泥化夹层的残余强度与其各种影响因素之间的非线性支持向量机关系，预测新的泥化夹层的残余强度。结果表明，支持向量机方法预测精度高，相对误差很小，为一般意义上的井筒井壁软弱夹层残余强度准确预测提供了一条新思路，对于井筒井壁的加固支护设计以及保养防护都有一定的实际参考价值和指导意义。

（5）将数值计算与工程实验相结合，对垮塌井筒恢复工程的锚注技术进行了详尽的研究，提出了锚杆支护的动态信息设计方法。并利用三维离散元软件 3DEC 对锚注方案进行多方位模拟计算，通过对比结果，得出最优支护方案。

锚杆支护设计是锚杆支护技术中的一项核心内容。支护形式和参数选择不合理，难以达到理想的支护效果，常会出现两个方面的问题：其一是支护强度太高，浪费材料，增加成本，其二是支护强度不够，出现冒落垮塌事故。锚杆支护形式和参数的选择对发挥锚杆支护的优越性具有十分重要的意义。

确定合理的锚杆支护形式和参数必须借助科学的锚杆支护设计方法。锚固支护的设计方法有多种，各有其优缺点和适应性。本课题选取国内外锚杆支护设计理论精华，结合众多恢复加固工程实际情况，总结出锚杆支护动态信息设计方法。该方法包括：试验点调查和地质力学评估、初始设计、加固点监测和信息反馈、修正设计和日常监测等内容。实施过程为：在试验点调查地质力学评估的基础上，采用数值计算和工程类比相结合的方法进行初始设计，然后将初始设计实施于井筒井壁围岩和塌落体加固部位，并进行详细的井筒井壁围岩位移和锚杆受力监测，根据监测结果验证或修正初始设计。正常施工后还要进行日常监测，保证被加固部位安全。

第3章　混合井井筒垮塌与工程恢复施工工艺简介

3.1　工程背景及矿区水文地质概况

3.1.1　工程背景

益新煤炭公司原名新一煤矿，位于鹤岗矿区东北部、鹤岗煤田中部石头河东侧，东北起自 5 号勘探线与兴山公司相邻，西南至 19 号勘探线与振兴公司相邻，西起 30 号煤层落头及 F12、F25 断层分别与南山矿、兴山公司老区、岭北矿为界，东至最上部的 3 号层－250m 标高 47 崩落线为界，上由地表至－450m 标高地段，走向长为 4km，倾斜长为 2.9km，地表面积为 11.5km²。

益新煤矿 1950 年建矿，1955 年投产，已有 50 多年的开采历史。矿井内以晚侏罗世含煤建造沉积为主，全井田煤层赋存较稳定，共有 36 个煤层，其中可采和局部可采 29 层，煤层总厚度 87.42m，含煤系数 8.82%，地质条件复杂，受断层影响煤层块段尺寸较小，走向多在 100~300m，倾斜多在 100~200m，并且区内多半生次生小断层，对采掘施工有一定影响。矿井原设计产煤能力 90 万吨/年，经过历次扩大井田范围，技术改造，改扩建等，至 1985 年 11 月矿井设计能力达到 180 万吨/年。1999 年由于煤炭行业的不景气和企业历史包袱沉重，亏损严重，矿井申请关井破产，关井前二、三两个水平同时生产。破产后企业改制成立益新煤炭公司，进入二水平生产。2004 年年产 120 万吨。由于国家对焦煤需求量的激增，2003 年鹤矿集团公司研究决定恢复益新三水平生产。2004 年 3 月三水平追排水结束后正式开始三水平巷道恢复，9 月经过准备工作后，由鹤岗矿业集团矿建公司开始对混合井井筒进行恢复。

3.1.2　矿区地层地貌及水文地质

益新矿井田地貌类型属于起伏不平的构造剥蚀丘陵地区，东部为抗侵蚀性较强的穆棱组砾岩，中部为抗侵蚀性较弱的煤系地层，形成东部和西部两头高、中部低的缓坡。地面最高标高为 325m，最低标高 245m，平均标高为 270m，相对高差大于 80m。井田内水文地质条件较简单，区内无主要水系，仅中部有一条石头河由北向南通过，属于季节性河流，往东注入松花江。

3.2 混合井井筒及垮塌部位概况与整个工程恢复施工工艺简介

益新矿混合井井筒始建于 1983 年，其地面标高＋292m，三水平标高－252.8m，井底标高－311.8m，井筒全深 603.8m，井筒净直径 ϕ7m。1999 年该井筒二水平－50m 以下被水淹没，井筒废弃，破产关井。由于地质构造的影响，加上水的作用，造成井筒 2003 年底排水后井筒暴露，2004 年 6 月发现井筒三水平位置持续发生片落。6 月 11 日在益新三水平工程会议上，集团公司确定了对混合井筒进行修复。9 月井筒修复设施形成后，人员下井现场观测。

井筒冒落情况是（修复施工工程设计图见图 3.1，图中尺寸以 cm 计，以下同）：

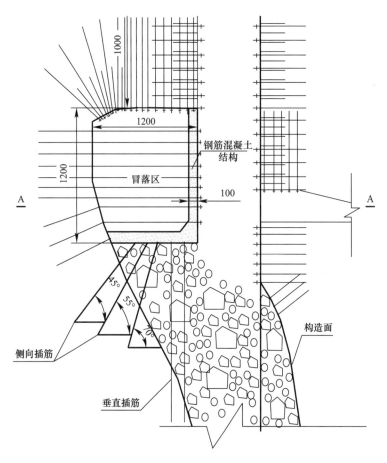

图 3.1 修复施工工程设计图

（1）在三水平－255.000m 标高，南至西南侧井筒围岩片冒成一个长 18m、深 12m、高 12m 的冒落空间。

（2）井筒－258.000m 标高以下 54m 井筒被冒落岩石充填。

（3）冒落空间以下形成一个很深的塌落松散体，经打钻探测，14m 未见基岩。

（4）三水平东侧行人通路 13m 墙拱部出现裂缝。

（5）冒落空间以上 12m 井筒井壁出现斜向裂缝。

2004 年 12 月 10 日，集团公司召开了益新混合井井筒恢复工程会议，研究制定施工方案。

3.2.1　井筒冒落加固设计依据及原则

（1）《注浆技术规程》（YSJ 211—92，YBJ 44-92）

（2）《土层锚杆设计与施工规范》CECS 22：90

（3）《岩土工程勘察规范》GB 50021—94

（4）《锚杆喷射混凝土支护技术规范》GBJ 86—85

塌方处治设计的原则是整体稳定、确保安全、兼顾经济。

3.2.2　处治方案实施阶段划分

处治方案可以分三个阶段实施，即：

第一阶段：塌落体锚注加固，即对现存塌落体通过锚（插筋）注（注浆）的方式进行加固，以实现井筒的下掘和围岩的稳定（图 3.2）。

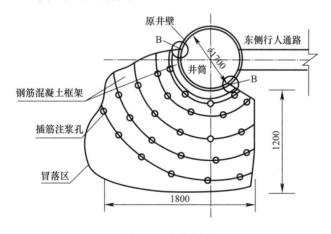

图 3.2　A-A 剖面

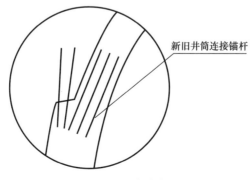

图 3.3　B 点放大图

第二阶段：塌落体以上（空区部分，图3.4）井筒恢复，即以加固的塌落体为基础，上向起碹，与原井壁连接，按原井筒断面参数恢复井筒。井壁采取锚索锚固。

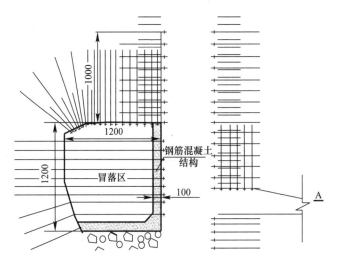

图 3.4　空区部分井筒恢复施工图

第三阶段：塌落体部分（空区以下，图3.5）井筒恢复，即从塌落体平面以下，下向出毛，每两米为一个施工单元，逐段恢复井筒。井壁采用锚索锚固。

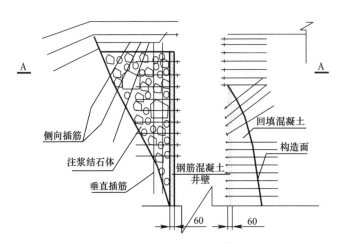

图 3.5　空区部分井筒恢复施工图

3.2.3　塌落体锚注施工

（1）施工难点

在塌落体锚注处治过程中，由于塌落体已完全松动且有一定流动性，直接钻凿成孔非常困难，但采取任何施工方案，成孔都是必须的。因此，凿孔是本方案实施中难度较大而又必须完成的工作。

（2）应对措施

采用"非套管成孔技术"，即为防止钻凿过程随时出现的塌孔现象，要求每次凿孔只能比上次推进 1～2m，然后进行注浆，循环往复直至最终完成。

3.2.4　井筒塌落体以上井壁补碹施工措施

（1）工程概况

益新矿混合井井筒恢复工程自 2005 年 3 月 1 日完成了塌落体锚注施工，开始第二阶段即塌落体及以下井筒恢复工作。

按照 6 月 3 日益新三水平工程指挥部安排，井筒恢复施工到装载硐室顶板标高后停止向下恢复施工，转入三水平塌落体以上井壁补碹施工，期间井底采取拆除仓嘴或施工出岩通路的措施，以解决井筒装载硐室以下的出岩问题。本措施是按修改后的益新混合井总体施工方案，针对塌落体以上井壁补碹施工而制定的措施。即将施工的塌落体以上 $-254.8 \sim -241.8$m 段井筒由于井筒恢复施工前井筒塌落造成西南侧井壁及围岩塌落。冒落区与井筒相连处井壁已冒落缺失，形成塌落体上的一个三角形无井壁的范围。剩余部分井壁较完整未破坏，并且前期已经用锚索、锚杆进行了加固。

按照益新混合井总体修复方案，三水平塌落体以上井筒恢复采取发碹厚度为 0.6m，井筒直径为 7.0m，井壁结构为双层钢筋混凝土结构，井筒净断面为 38.48m²。

（2）施工方案

根据益新混合井塌落井筒加固恢复总体方案对该区段进行补碹。井筒缺失的井壁采取补碹，对该区段剩余的保存完好、规格不小于设计半径 3500mm 且处在稳定基岩中的原始井壁予以保留，对不符合以上条件的原始井壁给予风镐破除并重新砌碹。原始井壁断茬处及相邻围岩松动岩石和混凝土必须用风镐处理掉，并且打灰前用水冲刷，新旧井壁交接处采取锚杆锚固方式。

第4章 混合井塌落井筒数值模型建立及量纲分析

4.1 建立基于 ANSYS 界面的 FLAC³D 数值模型

4.1.1 软件简介

ANSYS[177,178]是融结构、流体、电磁场、声场和耦合场分析于一体的大型通用有限元分析软件。由世界上最大的有限元分析软件公司之一的美国 ANSYS 公司开发。可广泛应用于工业、铁道、石油化工、航空航天、机械制造、能源、汽车交通、国防军工、电子、土木工程、生物医学、水利和日用家电等一般工业及科学研究。该软件提供了不断改进的功能清单,具体包括:结构高度非线性、电磁分析、计算流体力学分析、设计优化、接触分析、自适应网格划分以及利用 ANSYS 参数设计语言扩展宏命令等功能。

FLAC³D是面向土木工程、交通、水利、石油及采矿工程、环境工程的通用软件系统,是 Itasca 软件产品中最知名的软件系统之一,在国际土木工程(尤其岩土工程)学术界、工业界具有广泛影响和良好的声誉。FLAC³D可实现对岩石、土和支护结构等建立高级三维模型,进行复杂的岩土工程数值分析与设计。FLAC³D的应用特征如下[179,186]:

(1)应用广泛

FLAC³D是帮助土木、交通、采矿、水利工程师进行分析、测试及设计的连续介质程序。由于其分析能力并不局限于某一类特殊问题或分析类型,FLAC³D得到了非常广泛的应用。FLAC³D的设计思想是针对任何需要连续介质力学分析的岩土工程项目。①连续介质大变形模拟与显式计算方案,并提供可选择的相界面来模拟滑移面或分离面,因此相界面可用来模拟断层、节理或摩擦边界能够为非稳定物理过程提供稳定解。②材料模型库:"NULL(零)"模型,三种弹性模型(各向同性、横观各向同性和正交各向异性),七个塑性模型(摩尔-库仑塑性模型、应变硬化/软化模型、双线性应变硬化/软化通用节理模型、双屈服模型和修正的剑桥黏土模型)。可选择模块包括:热力学及蠕变计算、动力学分析功能及用户用 C++自定义模型。③可设定所有性质参数的连续梯度或统计分布。自动三维网格生成器使用预定义形状生成内部交叉区域(例如交叉隧道）。④边界条件和初始条件设定方便。⑤可定义地下水位高度以计算有效应力。地下水流动与力学计算进行完全耦合（包括负水压、非饱和流以及相面条件）。⑥可以模拟结构单元如隧道衬砌、桩、排桩、锚索、岩石锚杆等与周围岩石或土的相互作用。⑦用内置编程语言（FISH）来增添用户自定义特征。⑧使用多种工业标准化格式输出，包括 PostScript、BMP、JPG、PCX、DXF（AutoCAD）、EMF 和用来剪切、粘贴操作的剪贴板。

（2）运行速度快

$FLAC^{3D}$可以在所有的 Windows 环境下安装运行，在标准输出窗口带有命令模式操作。$FLAC^{3D}$提供内置网格形状和快速分辨率图形能力以方便建模进程。用户可以指定解题参数从而最大程度地控制模型运行时间和效率，$FLAC^{3D}$内置功能强大的编程语言 FISH 还可以帮助用户进行额外的控制。

（3）功能强大

$FLAC^{3D}$是一个利用显示有限差分方法为岩土工程提供精确有效分析的工具。$FLAC^{3D}$可解决诸多有限元程序难以模拟的复杂的工程问题，例如分步开挖、大变形大应变、非线性及非稳定系统（甚至大面积屈服/失稳或完全塌方）。

$FLAC^{3D}$是由面向对象的 C＋＋语言编写而成，因此程序接口具有稳定、高效和简洁的特性。软件中的本构模型（包括蠕变模型）都是以动态链接库文件（后缀名为.dll）的形式提供给用户，同时软件支持用户编写自定义的本构模型。用户将代码编译成动态链接库文件，来实现将自定义的本构模型嵌入到 $FLAC^{3D}$软件中。在 $FLAC^{3D}$求解过程中，主程序自动识别并加载用户指定的本构模型的动态链接库文件。$FLAC^{3D}$采用面向对象技术将自定义本构模型的全部信息封装在抽象类 Class Consitutive Model 中，这里的改进过程实质上就是由抽象类型派生出本研究所需具体本构类型的过程。

4.1.2　难点分析与计算模型设计

从模型构造上分析，该模型的难点主要是塌落体形状比较复杂，垮塌部位井筒井壁岩体材料非均匀非连续，破碎带明显，节理裂隙发育。另外，根据工程现场查看其地质及冒落岩体特性，发现混有少量的强度较低的黏土、页岩、泥灰岩类泥化夹层，本书将在以后章节专门研究其残余强度。

怎么根据已有资料建立其几何数值模型是一个难点。经思考并多次参数调试，利用 ANSYS 强大的后处理功能和 $FLAC^{3D}$在岩土工程应用方面的超强优势，编制了一个基于 ANSYS 界面的 $FLAC^{3D}$塌落体生成程序，利用这个工具来建立塌落体的几何模型，将塌落体看成是由一个平面进行拉伸得到。这样由工程现场所提供的资料数据，得到断面数据和塌落线数据就可以通过几何运算得到塌落体的几何模型。把整个模型划分成很多小块，再取各个小块的点，然后建模。

根据研究的需要，建立了以垮塌部位为主体的三维岩石力学垮塌模型。三维立体计算模型的长×宽×高为18m×12m×12m。模型在深度范围（-255～-243m）的尺寸严格按照《益新矿混合井塌落井筒恢复加固施工设计》进行模型单元的网格划分。计算模型共划分有38525个六面体单元，41136个结点。三维模型侧面限制水平移动，模型底面限制垂直移动。模型上部施加自地表+292m～井下-255m岩体自重 σ_z（$\sigma_z = \bar{\gamma}gH = -14.6596$MPa）。根据现场地质勘察揭示的构造应力特征，在模拟计算中，取水平应力 $\sigma_x = 1.5\sigma_z$，$\sigma_y = 2.0\sigma_z$。

图4.1～图4.5给出了塌落体生成工具界面。

图4.1 基于 ANSYS 界面的 FLAC^{3D}塌落体模型的工具界面

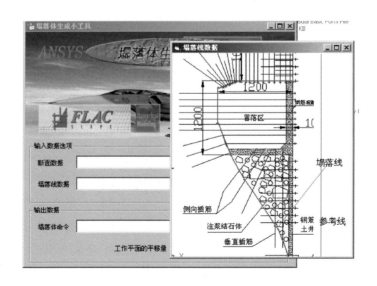

图4.2 塌落线数据生成界面

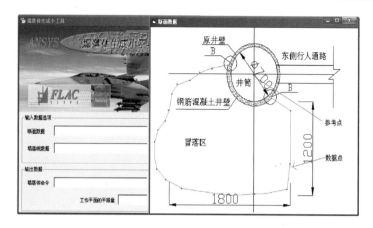

图 4.3　B 点放大模型断面数据界面

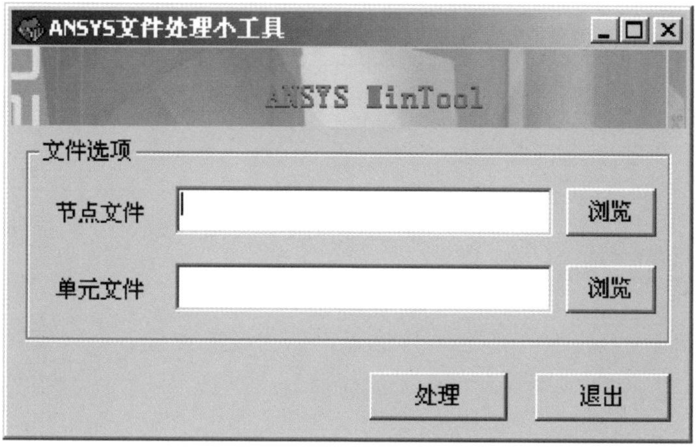

图 4.4　ANSYS 文件—其他文件转换工具界面

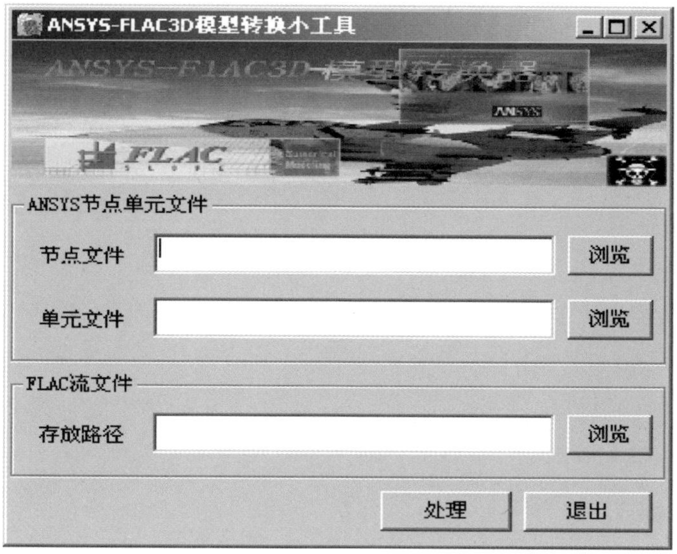

图 4.5　ANSYS-FLAC^{3D}文件转换的工具界面

4.1.3 理论依据及本构模型

本构模型采用 Drucker-Prager 材料模型，屈服面 F 为

$$\left.\begin{aligned} F &= 3\beta\sigma_m + \left[\frac{1}{2}s^T Ms\right]^{1/2} - \sigma_y = 0 \\ \sigma_y &= \frac{6C\cos\varphi}{\sqrt{3}(3-\sin\varphi)} \\ \left[\frac{\partial F}{\partial\sigma}\right] &= \beta\{1\ \ 1\ \ 1\ \ 0\ \ 0\ \ 0\}^T + \frac{1}{\left[\frac{1}{2}s^T Ms\right]^{1/2}}s \end{aligned}\right\} \tag{4.1}$$

根据屈服条件、流动法则求得矿井垮塌部位钢筋混凝土井壁材料的弹塑性刚度矩阵 D_{ep} 为

$$\left.\begin{aligned} D_{ep} &= D - \frac{D\left[\frac{\partial F}{\partial\sigma}\right]\left[\frac{\partial F}{\partial\sigma}\right]^T D}{\left[\frac{\partial F}{\partial\sigma}\right]^T D\left[\frac{\partial F}{\partial\sigma}\right]} \\ D &= \left[1 - \sum_{i=1}^{N_r} V_i^r\right]D^c + \sum_{i=1}^{N_r} V_i^r D_i^r \end{aligned}\right\} \tag{4.2}$$

式中，σ_m 为平均应力，$\sigma_m = (\sigma_1 + \sigma_2 + \sigma_3)/3$，$\beta$ 为材料常数，$\beta = 2\sin\varphi/[\sqrt{3}(3-\sin\varphi)]$，$\varphi$ 为内摩擦角，s 为偏应力向量，M 为系数矩阵，σ_y 为屈服强度，C 为黏聚力，σ 为应力向量，$\sigma = \{\sigma_x\ \ \sigma_y\ \ \sigma_z\ \ \tau_{xy}\ \ \tau_{yz}\ \ \tau_{zx}\}$，$D$ 为钢筋混凝土弹性应力应变矩阵，N_r 为钢筋材料类型数目，V_i^r 为钢筋材料类型 i 的体积与整个单元体积的比率，D^c 为混凝土的线弹性应力应变矩阵，D_i^r 为钢筋类型 i 的弹性应力应变矩阵，E_i^r 为钢筋类型 i 的弹性模量。

$$D_c^{ck} = \frac{E}{(1+\nu)}\begin{bmatrix} \frac{R^t(1+\nu)}{E} & 0 & 0 & 0 & 0 & 0 \\ 0 & \frac{1}{1-\nu} & \frac{1}{1-\nu} & 0 & 0 & 0 \\ 0 & \frac{1}{1-\nu} & \frac{1}{1-\nu} & 0 & 0 & 0 \\ 0 & 0 & 0 & \frac{\beta_t}{2} & 0 & 0 \\ 0 & 0 & 0 & 0 & \frac{1}{2} & 0 \\ 0 & 0 & 0 & 0 & 0 & \frac{\beta_t}{2} \end{bmatrix} \tag{4.3}$$

4.1.4 破坏准则

本工程范围涉及的岩体以南岭砾岩为主，混有少量泥质砂岩。结合深度范围内钢筋混

凝土井壁结构的主要力学特性，采用 3~5 个参数的 William-Warnke 破坏准则比较符合实际，即

$$\left.\begin{aligned}
&F_1/f_c \geqslant 0 \\
&F_1 = \left[(\sigma_1-\sigma_2)^2+(\sigma_2-\sigma_3)^2+(\sigma_3-\sigma_1)^2\right]^{1/2}/\sqrt{15} \\
&S = \frac{2r_2(r_2^2-r_1^2)\cos\eta + r_2(2r_1-r_2)/\left[4(r_2^2-r_1^2)\cos^2\eta+5r_1^2-4r_1r_2\right]^{1/2}}{4(r_2^2-r_1^2)\cos^2\eta+(r_2-2r_1)^2} \\
&\cos\eta = \frac{2\sigma_1-\sigma_2-\sigma_3}{\sqrt{2}\left[(\sigma_1-\sigma_2)^2+(\sigma_2-\sigma_3)^2+(\sigma_3-\sigma_1)^2\right]^{1/2}}
\end{aligned}\right\} \quad (4.4)$$

式中，F_1 为主应力 σ_1，σ_2，σ_3 的函数；S 为主应力 σ_1，σ_2，σ_3 和 5 个材料参数 f_t，f_c，f_{cb}；f_1，f_2 表示的破坏面；f_c 为极限单轴抗压强度；f_t 为极限单轴抗拉强度；f_{cb} 为极限双轴抗压强度；f_1 为静水压力下的双轴压应力状态的极限抗压强度；f_2 为静水压力下的单轴压应力状态的极限抗压强度；r_1 和 r_2 分别为相似角 $\eta=0°$ 和 $45°$ 时的破坏面，$\dfrac{1}{2}<\dfrac{r_1}{r_2}<\dfrac{5}{2}$。

4.1.5　模拟计算过程

岩体和支护结构的力学行为与所经历应力历史密切相关。模拟计算必须客观、真实地反映在不同受力阶段岩体及工程结构的力学状态，分析岩体与结构应力、变形和破坏机理，评价工程结构的稳定性、可靠性。

根据现场提供的资料，程序设计中南岭砾岩、泥质砂岩混合岩体力学参数如下：

弹性模量：$E=4.371\times10^4\text{MPa}$，泊松比：$\upsilon=0.3$，黏聚力：$c=21.5\text{MPa}$，内摩擦角：$\varphi=31.8°$，单向抗压强度：$f_c=153.52\text{MPa}$，单向抗拉强度：$f_t=6.94\text{MPa}$，平均重度：$\bar{\gamma}=2.68\times10^3\text{kg/m}^3$。

图 4.6~图 4.20 以及附录 D 是部分三维计算模型图。

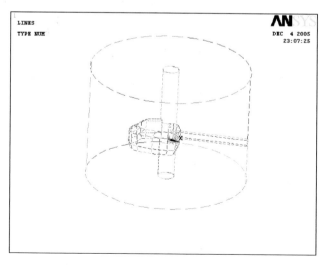

图 4.6　井筒及垮塌部位三维线框图（一）

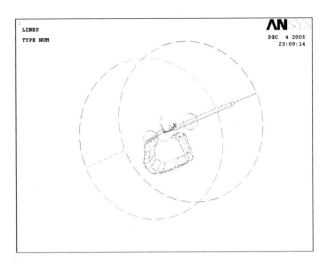

图 4.7 井筒及垮塌部位三维线框图（二）

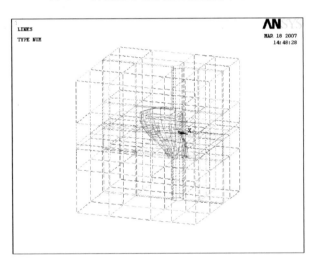

图 4.8 整个模型三维线框图

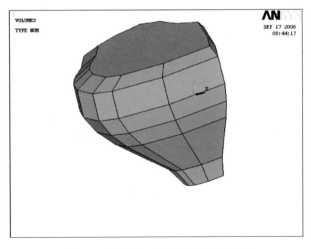

图 4.9 塌落体三维数值计算模型图

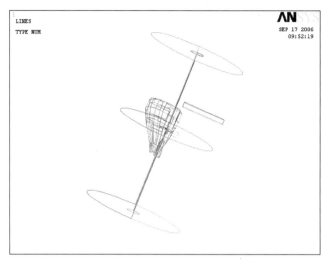

图 4.10　井筒及垮塌部位主框架模型三维线框图

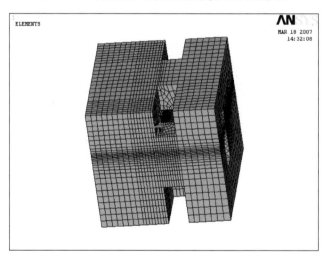

图 4.11　三维模型网格划分过程示意图

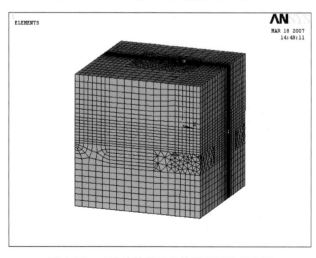

图 4.12　三维计算模型总体模型网格划分图

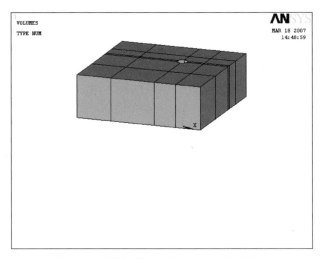

图 4.13　三维计算模型顶层几何模型剖视图

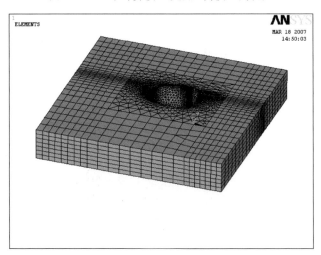

图 4.14　三维计算模型顶层网格剖视图

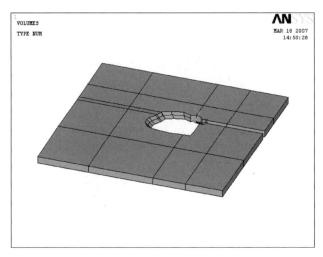

图 4.15　三维计算模型中间层几何模型剖视图

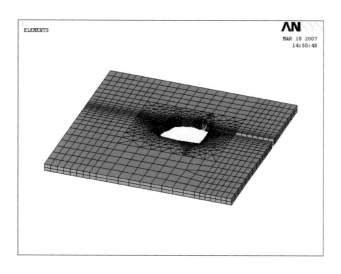

图 4.16　三维计算模型中间层数值模型剖视图

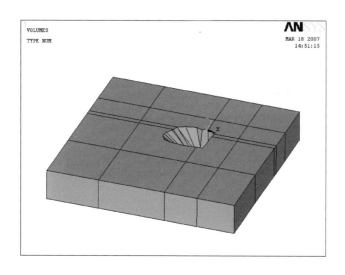

图 4.17　三维计算模型中间层放大剖视图

4.1.6　计算结果及井筒垮塌后的力学状态分析

本章对计算结果的展示和解析，以可视化图形为主，并配以适当的文字加以说明。充分了解和掌握岩体的初始力学状态，是设计和实施有效的岩体控制技术的基础和依据。根据现场竖井井筒垮落状态的描述，通过模拟计算，得出井筒垮塌后的围岩力学状态：

（1）在垮塌空区以上（三水平标高−255m 以上），井筒井壁围岩体最大主应力 σ_1 主要集中在空区顶板与井筒井壁交界处，这些位置的岩体应力是由井筒垮塌部位井壁以上的切向应力集中和垮塌空区顶板周边的应力集中叠加而成。计算结果显示，垮塌空区顶板平面内岩体的最大主应力 σ_1 为−56.85MPa（规定压应力为负，拉应力为正，以下同），是该深度岩体自重应力 σ_z（$\sigma_z = \bar{\gamma}gH = -14.6596\text{MPa}$）的 3.9 倍。在冒落区边缘岩体中有较大范围的拉应力存在（图 4.18 与图 4.19）。其中拉应力最大值为 5.3MPa。垮塌空区在加固前围岩体的主要移动方向朝向垮落空间，最大位移量为 12.7mm。井筒塌落后，在局部未垮塌井筒围岩体中仍有塑性区存在。塑性区在岩体中的深度约为 2m 左右。

（2）在垮塌空区以下（三水平标高−270m）深度范围的岩体的受力状态已经基本不受塌落体的影响，周边岩体应力分布主要由井筒垮落后的形状所决定（图 4.20）。在垮落井壁隅角处最大主应力 σ_1 为 64.71MPa。在井筒井壁边缘岩体内的拉应力值降低，最大拉应力 σ_3 为 0.79MPa，但岩体内的分布深度和范围有所扩大。井筒围岩仍然向垮落的井筒空间方向移动，最大位移量为 10.7mm。

初步判断垮塌空区以上及冒落区以下井筒围岩体的主要运动方向在竖直方向，因此，尽快采取锚注加固措施，可控制井筒井壁空间运动的进一步发展。

垮塌后井筒围岩应力与变形汇总　　　　　　　　　　表 4.1

项目	垮塌空区顶板	冒落区表面	井筒垮塌空区以上井壁内侧壁
X—位移（mm）	$-12.5 \sim 17.1$	$-8.4 \sim 6.9$	$-7.3 \sim 1.4$
Y—位移（mm）	$-10.3 \sim 19.5$	$-6.2 \sim 9.4$	$-8.6 \sim 11.9$
Z—位移（mm）	-1.4	-1.2	-1.8
正应力 σ_x(MPa)	$-1.1 \sim 0.3$	$-0.9 \sim 0.2$	-0.7
正应力 σ_y(MPa)	$-1.4 \sim 0.2$	$-2.6 \sim 0.5$	-2.7
正应力 σ_z(MPa)	$-3.1 \sim 0.1$	$-2.4 \sim 0.2$	$-0.5 \sim 0.7$
剪应力 τ_{xy}(MPa)	$-0.4 \sim 0.8$	$-0.6 \sim 0.8$	$-0.3 \sim 0.1$
剪应力 τ_{xz}(MPa)	$-0.3 \sim 0.5$	$-0.4 \sim 0.1$	$-0.2 \sim 0.3$
剪应力 τ_{yz}(MPa)	$-0.9 \sim 0.8$	$-1.3 \sim 1.2$	$-0.6 \sim 1.2$

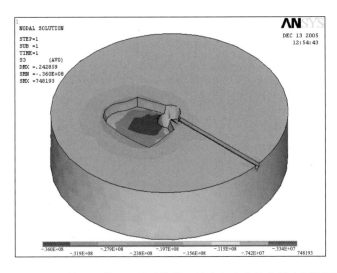

图 4.18　井筒及冒落区三维计算模型最大主应力分布横向剖视图

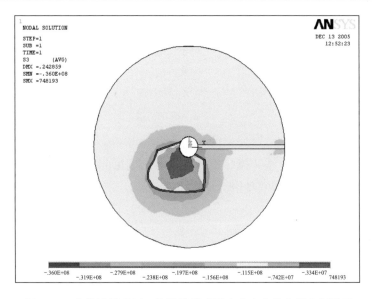

图 4.19 井筒及冒落区三维计算模型最大主应力分布纵向剖视图

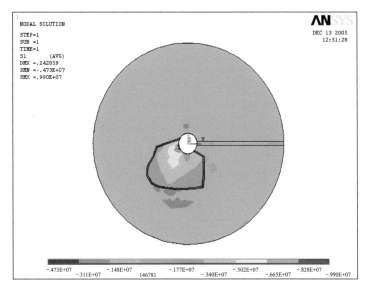

图 4.20 井筒及冒落区以下三维计算模型最大主应力分布纵向剖视图

4.2 竖井井筒受渗水作用并失稳垮塌的量纲分析与岩体结构效应研究

由于矿井自 1999 年破产后停止使用，直到 2004 年恢复使用，五年间缺乏有效的防护和保养，因此竖井井筒岩体产生风化并且渗水，而渗水也是导致井筒井壁失稳垮塌的因素之一。对于复杂的井筒井壁渗水作用机理，这里借助量纲分析的方法分析在全连通结构面以及不同结构效应条件下，井筒井壁围岩垮塌瞬间的受力情况。首先简单介绍一下构造无量纲数的方法。

4.2.1 量纲分析方法简介

Thomas Szirtes 在《Applied Dimensional Analysis and Modeling》[120]一书中给出了一种确定无量纲量的矩阵表述方法。按照他的理论，当变量为 V_1、V_2、V_3、$V_4 \cdots V_n$，基本量纲为 d_1、d_2、d_3 时，有下列的量纲方程：

$$[V_1^{\varepsilon_1} \cdot V_2^{\varepsilon_2} \cdot V_3^{\varepsilon_3} \cdot V_4^{\varepsilon_4} \cdot V_5^{\varepsilon_5} \cdots V_n^{\varepsilon_n}] = [d_1^{q_1} \cdot d_2^{q_2} \cdot d_3^{q_3}] \tag{4.5}$$

其中

$$V_1 = d_1^{b_{11}} \cdot d_2^{b_{21}} \cdot d_3^{b_{31}}, \quad V_2 = d_1^{b_{12}} \cdot d_2^{b_{22}} \cdot d_3^{b_{32}} \cdots \cdots。$$

$$V_{n-2} = d_1^{a_{11}} \cdot d_2^{a_{21}} \cdot d_3^{a_{31}}, \quad V_{n-1} = d_1^{a_{12}} \cdot d_2^{a_{22}} \cdot d_3^{a_{32}}, \quad V_n = d_1^{a_{13}} \cdot d_2^{a_{23}} \cdot d_3^{a_{33}}$$

ε_1、$\varepsilon_2 \cdots \cdots \varepsilon_n$ 表示变量 V_1、V_2、$V_3 \cdots V_n$ 的因次，q_1、q_2、q_3 表示基本量纲 d_1、d_2、d_3 的因次，对应的三个基本量纲，在这里选取三个变量 V_{n-2}、V_{n-1}、V_n 其对应基本量纲因次取为 a_{ij}。

式（4.5）表明由变量任意组合的量纲，均可由三个基本量纲表示，所以有：

$$b_{11}\varepsilon_1 + b_{12}\varepsilon_2 + \cdots + b_{1(n-3)}\varepsilon_{n-3} + a_{11}\varepsilon_{n-2} + a_{12}\varepsilon_{n-1} + a_{13}\varepsilon_n = q_1$$

$$b_{21}\varepsilon_1 + b_{22}\varepsilon_2 + \cdots + b_{2(n-3)}\varepsilon_{n-3} + a_{21}\varepsilon_{n-2} + a_{22}\varepsilon_{n-1} + a_{23}\varepsilon_n = q_2 \tag{4.6}$$

$$b_{31}\varepsilon_1 + b_{32}\varepsilon_2 + \cdots + b_{3(n-3)}\varepsilon_{n-3} + a_{31}\varepsilon_{n-2} + a_{32}\varepsilon_{n-1} + a_{33}\varepsilon_n = q_3$$

令：

$$B = \begin{bmatrix} b_{11} & b_{12} \cdots & b_{1n-3} \\ b_{21} & b_{22} \cdots & b_{2n-3} \\ b_{31} & b_{32} \cdots & b_{3n-3} \end{bmatrix} \qquad A = \begin{bmatrix} a_{11} & a_{12} & a_{13} \\ a_{21} & a_{22} & a_{23} \\ a_{31} & a_{32} & a_{33} \end{bmatrix}$$

将式（4.6）写成矩阵形式为：

$$[B \quad A][\varepsilon_1 \quad \varepsilon_2 \quad \varepsilon_3 \cdots \quad \varepsilon_n]^{\mathrm{T}} = \begin{bmatrix} q_1 \\ q_2 \\ q_3 \end{bmatrix} \tag{4.7}$$

在式（4.7）中有 n 个未知数，但是只有三个方程。它表明由 n 个变量任意组合形成的量纲均可以由三个基本量表示，反之已知了基本量构成的量纲无法确定 n 个变量任意组合形式。下面讨论如何反过来确定的方法。在式（4.7）中补上 $n-3$ 个方程，$\varepsilon_i = \varepsilon_i$，$i = 1$、$2 \cdots \cdots n-3$ 则有：

$$\begin{bmatrix} I & 0 \\ B & A \end{bmatrix}[\varepsilon_1 \quad \varepsilon_2 \quad \varepsilon_3 \cdots \quad \varepsilon_n]^{\mathrm{T}} = [\varepsilon_1 \cdots \quad \varepsilon_{n-3} \quad q_1 \cdots \quad q_3]^{\mathrm{T}} \tag{4.8}$$

式（4.8）为 n 个变量一种组合形式的量纲方程，对于 n 种组合可以表示为下列方程。

$$\begin{bmatrix} \varepsilon_{11} & \varepsilon_{12} & \varepsilon_{13} \cdots & \varepsilon_{1n} \\ \varepsilon_{21} & \varepsilon_{22} & \varepsilon_{23} \cdots & \varepsilon_{2n} \\ \varepsilon_{31} & \varepsilon_{32} & \varepsilon_{33} \cdots & \varepsilon_{3n} \\ & & \vdots & \\ \varepsilon_{n1} & \varepsilon_{n2} & \varepsilon_{n3} \cdots & \varepsilon_{nn} \end{bmatrix} = \begin{bmatrix} I & 0 \\ B & A \end{bmatrix}^{-1} \begin{bmatrix} \varepsilon_{11} & \varepsilon_{12} & \varepsilon_{13} \cdots & \varepsilon_{1n} \\ \vdots & \vdots & \vdots & \vdots \\ \varepsilon_{(n-3)1} & \varepsilon_{(n-3)2} & \varepsilon_{(n-3)3} \cdots & \varepsilon_{(n-3)n} \\ q_1 & q_1 & q_1 \cdots & q_1 \\ q_2 & q_2 & q_2 & q_2 \\ q_3 & q_3 & q_3 & q_3 \end{bmatrix}$$

$$= \begin{bmatrix} I & 0 \\ -A^{-1}B & A^{-1} \end{bmatrix} \begin{bmatrix} \varepsilon_{11} & \varepsilon_{12} & \varepsilon_{13} \cdots & \varepsilon_{1n} \\ \vdots & \vdots & \vdots & \vdots \\ \varepsilon_{(n-3)1} & \varepsilon_{(n-3)2} & \varepsilon_{(n-3)3} \cdots & \varepsilon_{(n-3)n} \\ q_1 & q_1 & q_1 \cdots & q_1 \\ q_2 & q_2 & q_2 & q_2 \\ q_3 & q_3 & q_3 & q_3 \end{bmatrix} \tag{4.9}$$

等式左边矩阵中的每一列表示 n 个变量一种组合形式，为了将 V_1、V_2、V_3、V_4……V_n 组合成无量纲量，式（4.4）中基本量纲的因次必须为 0，即 q_1、q_2、q_3 均为零。那么式（4.9）化为：

$$\begin{bmatrix} \varepsilon_{11} & \varepsilon_{12} & \varepsilon_{13} \cdots & \varepsilon_{1n} \\ \varepsilon_{21} & \varepsilon_{22} & \varepsilon_{23} \cdots & \varepsilon_{2n} \\ \varepsilon_{31} & \varepsilon_{32} & \varepsilon_{33} \cdots & \varepsilon_{3n} \\ & & \vdots & \\ \varepsilon_{n1} & \varepsilon_{n2} & \varepsilon_{n3} \cdots & \varepsilon_{nn} \end{bmatrix} = \begin{bmatrix} I & 0 \\ -A^{-1}B & A^{-1} \end{bmatrix} \begin{bmatrix} \varepsilon_{11} & \varepsilon_{12} & \varepsilon_{13} \cdots & \varepsilon_{1n} \\ \vdots & \vdots & \vdots & \vdots \\ \varepsilon_{(n-3)1} & \varepsilon_{(n-3)2} & \varepsilon_{(n-3)3} \cdots & \varepsilon_{(n-3)n} \\ 0 & 0 & 0 \cdots & 0 \\ 0 & 0 & 0 & 0 \\ 0 & 0 & 0 & 0 \end{bmatrix} \tag{4.10}$$

令 A_{ij} 表示 $[A]^{-1}$ 的元素

$$[C] = -[A]^{-1}[B] \tag{4.11}$$

将式（4.10）代入式（4.11）

$$\begin{bmatrix} \varepsilon_{11} & \varepsilon_{12} & \varepsilon_{13} \cdots & \varepsilon_{1n} \\ \varepsilon_{21} & \varepsilon_{22} & \varepsilon_{23} \cdots & \varepsilon_{2n} \\ \varepsilon_{31} & \varepsilon_{32} & \varepsilon_{33} \cdots & \varepsilon_{3n} \\ & & \vdots & \\ \varepsilon_{n1} & \varepsilon_{n2} & \varepsilon_{n3} \cdots & \varepsilon_{nn} \end{bmatrix} = \begin{bmatrix} 1 & 0 & 0 \cdots & 0 \\ 0 & 1 & 0 & 0 \\ 0 & 0 & 1 \cdots & 0 \\ C_{11} & C_{12} & C_{13} \cdots & A_{1\times3} \\ & & \vdots & A_{2\times3} \\ C_{31} & C_{32} & C_{33} \cdots & A_{3\times3} \end{bmatrix} \begin{bmatrix} \varepsilon_{11} & \varepsilon_{12} & \varepsilon_{13} \cdots & \varepsilon_{1n} \\ \vdots & \vdots & \vdots & \vdots \\ \varepsilon_{(n-3)1} & \varepsilon_{(n-3)2} & \varepsilon_{(n-3)3} & \varepsilon_{(n-3)n} \\ 0 & 0 & 0 \cdots & 0 \\ 0 & 0 & 0 & 0 \\ 0 & 0 & 0 & 0 \end{bmatrix} \tag{4.12}$$

由此可以看出，组成无量纲的各变量的因次组合有无数组，但是有三组变量是不能任意选取的，它们必须满足某种组合关系，而这种组合正是我们要得到的。所以这就求得了量纲矩阵：

$$\begin{bmatrix} & V_1 & V_2 & V_3\cdots & V_{n-3} & V_{n-2} & V_{n-1} & V_n \\ d_1 & b_{11} & b_{12} & b_{13}\cdots & b_{1(n-3)} & a_{11} & a_{12} & a_{13} \\ d_2 & b_{21} & b_{22} & b_{23}\cdots & b_{2(n-3)} & a_{21} & a_{22} & a_{23} \\ d_3 & b_{31} & b_{32} & b_{33}\cdots & b_{3(n-3)} & a_{31} & a_{32} & a_{33} \\ \pi_1 & 1 & 0 & 0\cdots & 0 & c_{11} & c_{12} & c_{13} \\ \pi_2 & 0 & 1 & 0\cdots & 0 & c_{21} & c_{22} & c_{23} \\ \pi_3 & 0 & 0 & 1\cdots & 0 & c_{31} & c_{32} & c_{33} \\ \vdots & \vdots & \vdots & \vdots & \vdots & \vdots & \vdots & \vdots \\ \pi_{n-3} & 0 & 0 & 0 & 1 & c_{(n-3)1} & c_{(n-3)2} & c_{(n-3)3} \end{bmatrix} \tag{4.13}$$

从矩阵中可以看到，构成无量纲量时，是将非主变量中某一主变量的因次取为1，而其他非主变量的因次为0。无量纲量则是因次为1的非主变量与其他主变量因次的组合。

式（4.13）也可以简单地表述为如下形式：

	V	
d	B	A
π	D	C

其中 V_1、V_2、V_3、$V_4\cdots V_n$ 的排列方式有一定的规则，该规则的确定遵循数学基本关系，同时也需要一定的力学分析经验，V_{n-2}、V_{n-1} 和 V_n 一般是变量中最能反映物理本质的物理量，称为主变量。b_{ij} 表示变量，V_j 中含有 d_i 个量纲的方次。如 V_j 为加速度，d_1 为时间，d_2 为长度，则 $[V_j]=[d_1]^{-2}[d_2]$，那么 $b_{1j}=-2$，$b_{2j}=1$。a_{ij} 表示基本量纲因次，D 为单位矩阵。

这样通过量纲矩阵式（4.13）就可以确定无量纲数 $\pi_i(i=1,2,3\cdots\cdots)$，即：

$$\pi_1 = \frac{V_1}{V_{n-2}^{c_{11}} \cdot V_{n-1}^{c_{12}} \cdot V_n^{c_{13}}}\cdots \qquad \pi_{n-3} = \frac{V_{n-3}}{V_{n-2}^{c_{n-31}} \cdot V_{n-1}^{c_{n-32}} \cdot V_n^{c_{n-33}}} \tag{4.14}$$

4.2.2 矩阵法量纲分析及其在井筒井壁垮塌受力分析中的应用

井筒井壁垮塌部位在垮塌前瞬间示意图如图4.21所示。图中，H 为表土段的井筒长度（m）。z_A，z_B，z_C，z_D 分别为 A，B，C，D 截面距井口的距离（m）。井筒内外径分别为 a，b（m）。

因为在井筒即将垮塌的瞬间，是多方因素促成井筒井壁失稳，而此时的重力可能是沿与竖直方向成某一角度 θ 的倾斜方向，由水平 x 方向 $g_x=g\sin\theta$ 和竖直 y 方向 $g_y=g\cos\theta$ 合成，因此称之为复合重力，单位为 N。岩体重度为 γ，被结构面截出的岩块的长度为 l、高度为 h，水的密度 γ_w。取单位宽度进行研究，冒落块体的结构简化为与井筒井壁垂直的两组正交结构面，且结构面完全贯通，需要指出的是这样的理想情况实际中是很少存在的。这只是为了找到问题的规律性，井筒垮塌前这些结构面表征着井筒井壁的裂隙。

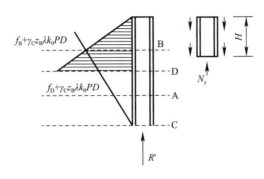

图 4.21　深竖井井筒井壁受力分析

用 H' 表示基岩距垮塌部位井筒高度，分解成倾斜向 H'_x，垂直向 H'_y，垮塌前产生破裂面瞬间、冒落顺向为 x 轴，垂直破裂面向为 y 轴。任取一破裂面对于裂隙中无水的岩体受到后面块体的顺冒落向作用力为 P_x，受到下面的垂直冒落面的作用力为 P_y 和摩擦力 f。

$$f = \tan\varphi \int_0^x P_y(y)\mathrm{d}x \tag{4.15}$$

（其中 $\tan\varphi$ 为摩擦系数）和体力 P_{vx}、P_{vy}。

$$P_{vy} = \iint_v \gamma g_y \mathrm{d}x\mathrm{d}y = \iint_v \gamma g \cdot \cos\theta \cdot \mathrm{d}x\mathrm{d}y = \lambda xyg \cdot \cos\theta \tag{4.16}$$

$$P_{vx} = \iint_v \gamma g_x \mathrm{d}x\mathrm{d}y = \iint_v \gamma g \cdot \sin\theta \cdot \mathrm{d}x\mathrm{d}y = \gamma xyg \cdot \sin\theta \tag{4.17}$$

其中 x，y 为结构面位置。瞬时变化的侧压系数 $\lambda = \dfrac{\text{瞬时复合压力}}{\text{井筒井壁约束力}}$，计算如下：

$$\lambda = \frac{c^{ij}x^i + \tan\varphi \displaystyle\int_0^x P_y(y)\mathrm{d}y}{P_{vx} + \displaystyle\int_{h-y}^h P_x\mathrm{d}y} \tag{4.18}$$

对其做变换，令 $y = h - y'$ 则 y' 表示垂直破裂面裂隙水的深度，则有

$$\lambda = \frac{c^{ij}x^i + \tan\varphi \displaystyle\int_0^x P_y(y') \cdot \mathrm{d}x}{P_{vx} + \displaystyle\int_0^{y'} P_x\mathrm{d}y'} = \frac{c^{ij}x^i + \tan\varphi \displaystyle\int_0^x P_y(y)\mathrm{d}x}{P_{vx} + \displaystyle\int_0^y P_x\mathrm{d}y} \tag{4.19}$$

据上面 Thomas 的方法构造无量纲数：T 为基本量时间，M 为基本量质量，π_1、π_2、π_3、π_4、π_5、π_6、π_7、π_8 分别为无量纲量。

	P_x	P_y	l_x	l_y	l	x	y	c	h	g_x	g_y	γ
H'_y	-2	1	0	1	0	0	1	1	1	0	1	-1
H'_x	1	-2	1	0	1	1	0	-2	0	1	0	-2
T	-2	-2	0	0	0	0	0	-2	0	-2	-2	0
M	1	1	0	0	0	0	0	1	0	0	0	1
π_1	1	0	0	0	0	0	0	0	-1	-3	2	-1
π_2	0	1	0	0	0	0	0	0	-1	0	-1	-1
π_3	0	0	1	0	0	0	0	0	-1	-1	1	0
π_4	0	0	0	1	0	0	0	0	-1	0	0	0
π_5	0	0	0	0	1	0	0	0	-1	1	1	0
π_6	0	0	0	0	0	1	0	0	-1	-1	1	0
π_7	0	0	0	0	0	0	1	0	-1	0	0	0
π_8	0	0	0	0	0	0	0	1	-1	0	-1	-1

有必要说明，在这里 P_x、P_y 均为因变量。写在同一矩阵中是为书写方便。

构造的无量纲数如下：

$$\pi_1 = \frac{P_x g_y^2}{\gamma g_x^3 h}, \quad \pi_2 = \frac{P_y}{\gamma g_y h}, \quad \pi_3 = \frac{l_x g_y}{g_x h}, \quad \pi_4 = \frac{l_y}{h},$$

$$\pi_5 = \frac{l g_y}{g_x h}, \quad \pi_6 = \frac{x g_y}{g_x h}, \quad \pi_7 = \frac{y}{h}, \quad \pi_8 = \frac{c}{\gamma g_y h}$$

令 $\Delta = \dfrac{g_y}{g_x} = \cot\theta$，则有：

$$\pi_1 = \frac{P_x \Delta^2}{\gamma g_x h}, \quad \pi_2 = \frac{P_y}{\gamma g_y h}, \quad \pi_3 = \frac{l_x \Delta}{h}, \quad \pi_4 = \frac{l_y}{h},$$

$$\pi_5 = \frac{l \Delta}{h}, \quad \pi_6 = \frac{x \Delta}{h}, \quad \pi_7 = \frac{y}{h}, \quad \pi_8 = \frac{c}{\gamma g_y h}$$

对无量纲数作如下形式的变换则有：

$$\pi_1^0 = \frac{P_x \Delta^2}{\gamma g_x h}, \quad \pi_2^0 = \frac{P_y}{\gamma g_y h}, \quad \pi_3^0 = \frac{1}{\pi_3} = \frac{h}{l_x} \cdot \tan\theta = N_2 \cdot \tan\theta, \quad \pi_4^0 = \frac{1}{\pi_4} = \frac{h}{l_y} = N_1$$

$$\pi_5^0 = \frac{l}{h} \cdot \cot\theta, \quad \pi_6^0 = \frac{1}{\pi_6} = \frac{x}{h} \cdot \cot\theta, \quad \pi_7^0 = \frac{y}{h}, \quad \pi_8^0 = \frac{c}{\gamma g_y h}$$

式中 N_1、N_2、$\dfrac{x}{h}$、$\dfrac{y}{h}$、$\dfrac{l}{h}$ 体现了岩体结构的影响，下面的数值分析中进行研究，φ 为结构面上内摩擦角。由量纲分析可知：

$$P_x \propto \gamma g h \cdot \sin\theta \cdot \tan^2\theta \cdot f_1\left(N_1, N_2 \cdot \tan\theta, \frac{l}{h} \cdot \cot\theta, \frac{x}{h} \cdot \cot\theta, \frac{y}{h}, \frac{c}{\gamma g_y h}, \varphi\right) \quad (4.20)$$

$$P_y \propto \gamma g h \cdot \cos\theta \cdot f_2\left(N_1, N_2 \cdot \tan\theta, \frac{l}{h} \cdot \cot\theta, \frac{x}{h} \cdot \cot\theta, \frac{y}{h}, \frac{c}{\gamma g_y h}, \varphi\right) \quad (4.21)$$

由此可以得到垮塌前瞬时侧压系数 λ_h^{ij} 以及垮塌失稳破坏的侧压系数 λ_q^{ij}

$$\lambda_h^{ij} = \frac{c^{ij}x^i + \gamma g\left[h \cdot \cos\theta \int_0^{x^i} f_2(x) \cdot \tan\varphi \cdot \mathrm{d}x\right]}{\gamma g\left[x^i y^i \sin\theta + h \cdot \sin\theta \cdot \tan^2\theta \cdot \int_0^{y^i} f_1(y) \cdot \mathrm{d}y\right]}$$

$$= \frac{\dfrac{c^{ij}}{\gamma g_y h} \cdot \dfrac{x^i}{y^i} + \left[\dfrac{1}{y^i} \cdot \int_0^{x_i} f_2(x) \cdot \tan\varphi \cdot \mathrm{d}x\right]}{\left[\dfrac{x^i}{h}\tan\theta + \tan^3\theta \cdot \dfrac{1}{y^i}\int_0^{y^i} f_1(y) \cdot \mathrm{d}y\right]} \tag{4.22}$$

$$\lambda_q^{ij} = \frac{\gamma g\left[h \cdot \cos\theta \int_0^{x^i} f_2(x) \cdot x \cdot \mathrm{d}x\right]}{\gamma g\left[x^i y^i \cdot \sin\theta \cdot \dfrac{1}{2}y^i + h \cdot \sin\theta \cdot \tan^2\theta \cdot \int_0^{y^i} f_1(y) \cdot y \cdot \mathrm{d}y\right]}$$

$$= \frac{\gamma g\left[h \cdot \cos\theta \int_0^{x^i} f_2(x) \cdot x \cdot \mathrm{d}x\right]}{\dfrac{1}{2}(y^i)^2 \cdot \gamma g\left[x^i \cdot \sin\theta + h \cdot \sin\theta \cdot \tan^2\theta \cdot \int_0^{y^i} f_1(y)\mathrm{d}y\right]} \tag{4.23}$$

x^i，y^i 是所研究的结构面位置，由此可以看出侧压系数在不考虑黏聚力，即 c 值为零时与重力无关。在保证 $c^{ij}/\gamma g_y h$、φ 为常数和几何相似的条件下，可以进行模拟实验。侧压系数是指在 x^i，y^i 结构面上的侧压系数，求解时可以对所有的结构面进行计算，最后给出 λ 值最大的结构面作为侧压系数。这里 c^{ij} 为第 i、j 面上的黏聚力，对所有的结构面求得侧压系数，侧压系数最大的面即是破裂面。

4.2.3　量纲分析

（1）垂直破裂面裂隙水压力的推动作用

对于有拉裂缝存在的井筒井壁围岩垂直渗流的推动作用：在有拉裂缝的情况下，一般说来，在拉裂缝上没有水平推力。这时渗流之前的侧压系数为：

$$\lambda^{ij} = \frac{c^{ij}x^i + \tan\varphi \int_0^{x^i} P_y(y)\mathrm{d}x}{\gamma g x^i y^i \sin\theta} \tag{4.24}$$

渗流之后裂隙内充水，增加了重力，侧压系数为

$$\lambda^{ij} = \frac{c^{ij}x^i + \tan\varphi \int_0^{x^i} P_y(x)\mathrm{d}x}{\gamma g\left[x^i y^i \sin\theta + \dfrac{\gamma_w \cos\theta}{\theta}\left(\int_0^y y\mathrm{d}y\right)\right]} = \frac{c^{ij}x^i + \tan\varphi \int_0^{x^i} P_y(x)\mathrm{d}x}{\gamma g\left[x^i y^i \sin\theta + \dfrac{\gamma_w (y^i)^2 \cos\theta}{2\gamma}\right]} \tag{4.25}$$

通过式（4.24）和式（4.25）的比较可以发现无论有水还是无水井筒井壁约束力不变，但是在结构面中充水的情况下，瞬时复合压力增加了垂直破裂面裂隙水压力这一项，因此稳定性降低。但当节理间距较小，在垂直破裂面裂隙水压力影响下此时容易产生失稳垮塌，有：

$$\lambda^{ij} = \frac{\int_0^{x^i} P_y(x) x \, dx}{\frac{1}{3} \gamma g \left[\frac{1}{2} x^i y^i \sin\theta y^i + \frac{\gamma_w \cos\theta}{\gamma} \left(\int_0^{y^i} y \, dy \right) \right] y^i} = \frac{(x^i)^2 \int_0^{x^i} P_y(x) \, dx}{(y^i)^2 \left(x^i \sin\theta + \frac{\gamma_w \cos\theta y^i}{3\gamma} \right)} \quad (4.26)$$

式（4.26）可以发现在结构面中充水的情况下，井筒井壁约束力矩不变，瞬时转动力矩增加了由垂直破裂面裂隙水压力产生的转动力矩这一项，因此稳定性降低从而冒落垮塌。

下面比较破裂面裂隙水压力与复合重力竖向分力的比，以及其转动力矩的比，分析垂直破裂面裂隙水压力对井筒井壁失稳垮塌的影响。

$$q_{落} = \frac{\gamma_w (y^i)^2 \cos\theta}{2\gamma x^i y^i \sin\theta} = \frac{\gamma_w y^i}{2\gamma x^i} \tan\theta = \frac{y^i}{x^i} \frac{\gamma_w}{2\gamma} \tan\theta \quad (4.27)$$

$$q_{转} = \frac{\frac{1}{6} \gamma_w (y^i)^3 \cos\theta}{\frac{1}{2} \gamma x^i (y^i)^2 \sin\theta} = \frac{\gamma_w y^i}{3\gamma x^i} \tan\theta = \frac{y^i}{x^i} \frac{\gamma_w}{3\gamma} \tan\theta \quad (4.28)$$

由式（4.27）、式（4.28）可知，当它们的比值 $\dfrac{q_{落}}{q_{转}} < 0.05$ 时，它们的作用就有量级上的差异，垂直破裂面裂隙水压力对井筒井壁稳定的影响就很小。由于井筒井壁垮塌部位方向已知，因此 θ 和密度 γ（平均值）假定不变，$q_{落}$、$q_{转}$ 的大小取决于 x^i/y^i 的比，因此垂直破裂面含水裂隙至井筒垮塌部位基岩距离 x^i 与其裂隙水深度 y^i 之比是裂隙水压力能否对破裂面失稳直至井筒垮塌临界角（设为 ϑ）产生影响的主要判据。

（2）破裂面上承压水压力作用

$$P_w = \int_0^{x_i} \gamma_w g (h\cos\theta + (x_i - x')\sin\theta) \, dx' \quad (4.29)$$

$$P_s = c^{ij} x^i + \left(\gamma g h \cdot \cos\theta \cdot \int_0^{x^i} f_2(x) \, dx - \int_0^{x_i} \gamma_w g (h\cos\theta + (x^i - x')\sin\theta) \, dx \right) \cdot \tan\varphi$$

$$(4.30)$$

$$\lambda^{ij} = \frac{P_s}{\gamma g \left[x^i y^i \sin\theta + h \cdot \sin\theta \cdot \tan^2\theta \cdot \int_0^{y^i} f_1(y) \cdot dy \right]} \quad (4.31)$$

井筒进水会在井筒井壁表面形成裂隙入渗，其水平渗流在破裂面上形成承压水压力式（4.29）。通过减小垮塌岩体的有效应力，进而降低井壁摩擦力。由于水压力会使结构面张开，通过减小结构面之间的接触面积进而降低 c、φ 值。由此可见破裂面上承压水压力的大小对井筒垮塌临界角 ϑ 起着较为重要的作用。

4.2.4 岩体结构效应

（1）无水情况下岩体的结构效应

通过数值模拟，可以研究复杂岩体结构的影响，进而提高对井筒垮塌机理的认识。下面来研究岩体结构的影响，由上一节的量纲分析可知在渗水作用下，破裂面失稳直至井筒

垮塌的临界角 ϑ 主要受以下几个无量纲量控制。

$$\varphi, \pi_3^0 = \frac{h}{l_x} \cdot \tan\theta = N_2 \cdot \tan\theta, \quad \pi_4^0 = \frac{h}{l_y} = N_1, \quad \pi_5^0 = \frac{l}{h} \cdot \cot\theta,$$

$$\pi_6^0 = \frac{x}{h} \cdot \cot\theta, \quad \pi_7^0 = \frac{y}{h}, \quad \pi_8^0 = \frac{c}{\gamma g_y h}$$

在同样的 c、φ 值（$c=0$）的条件下，并保持 l、h 不变，那么其在同一结构面上（即 x、y 不变）的临界角 ϑ 只与其中的 N_1、N_2 有关。N_1 为 H'（基岩距垮塌部位井筒高度）与 d_3（平行于破裂面结构面间距）的比值，N_2 为 H' 与 d_1（垂直破裂面结构面间距）的比值，这体现了岩体的结构效应。下面研究结构参数 N_1、N_2 变化对临界角 ϑ 的影响，数值计算参数见表 4.2。

<table>
<tr><td colspan="4" align="center">数值计算参数表</td><td>表 4.2</td></tr>
<tr><td>密度（kg/m³）</td><td>2680</td><td>摩擦角（°）</td><td>17～32</td></tr>
<tr><td>泊松比</td><td>0.3</td><td>法向刚度（N/m）</td><td>4.62×10^{11}</td></tr>
<tr><td>杨氏模量 E(Pa)</td><td>7.13×10^{10}</td><td>切向刚度（N/m）</td><td>4.62×10^{11}</td></tr>
<tr><td>黏聚力（Pa）</td><td>0</td><td></td><td></td></tr>
</table>

数值计算结果以 N_1 为 X 轴、N_2 为 Y 轴、θ 为 Z 轴，计算结果见图 4.22。

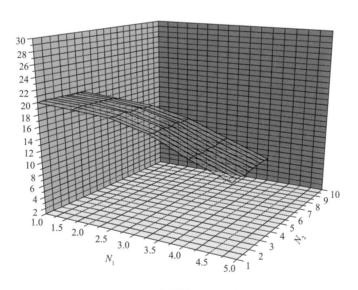

图 4.22 不同岩体结构的计算结果

计算当 N_1 在区间 [1、5]、N_2 在区间 [1、10] 变化时，得到以下结论：

① 在图 4.22 中曲面以上为非稳定区，曲面以下为稳定区。

② 临界角 ϑ 主要受结构参数 N_2 控制，临界角 ϑ 随着 N_2 的增加逐渐变小。

（2）垂直破裂面裂隙水压力作用下的岩体结构效应

令 $\Delta\vartheta_w = (\vartheta - \vartheta_1)/\vartheta$ 表示垂直破裂面裂隙水压力对临界角 ϑ 的影响度，其中 ϑ_1 为

本计算模型加水情况下临界角，ϑ 为本计算模型不加水情况下临界角。分别计算 N_2 为 5、3、2 三种结构情况下不同值的临界角。结果表明：曲线拟合得到三种结构情况的拟合曲线如图 4.23 和 $\triangle\vartheta_w$ 与 ϑ 的表达式，图中纵坐标为 $\triangle\vartheta_w$，横坐标为 ϑ。

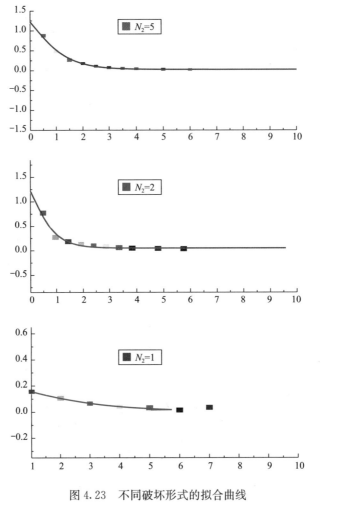

图 4.23　不同破坏形式的拟合曲线

$$N_2 = 5 \text{ 时，} \quad \triangle\vartheta_w = 0.05 + \frac{3.75}{1 + 2.16e^{(\vartheta - 0.1)}} \tag{4.32}$$

$$N_2 = 3 \text{ 时，} \quad \triangle\vartheta_w = 0.03 + \frac{3.06}{1 + 2.58e^{(\vartheta - 0.5)}} \tag{4.33}$$

$$N_2 = 2 \text{ 时，} \quad \triangle\vartheta_w = \frac{1.35}{1 + 0.79e^{(\vartheta - 0.4)}} \tag{4.34}$$

4.3　小结

本章首先根据复杂的塌落体模型构造和所掌握的已有资料，利用 ANSYS 强大的后处理功能和 FLAC³ᴰ 在岩土工程应用方面的超强优势，经参数调试，编制了一个基于 AN-SYS 界面的 FLAC³ᴰ 塌落体生成程序，并利用这个工具建立了塌落体的三维几何数值模型。几何数值模型的主要原理是将塌落体看成是由一个平面进行拉伸得到的。由工程现场所提供的资料数据，得到断面数据和塌落线数据就可以通过几何运算得到塌落体的几何模型。把整个模型划分成很多小块，再取各个小块的点，然后进行建模。结果表明，这样的模型是符合实际工程背景模型的，因此方法是可靠和可行的。并就井筒垮塌前后的力学状态进行了分析。

其次结合量纲分析法的特点，对竖井井筒由于受渗水裂隙水作用从而对加速井筒垮塌的可能性进行了详尽的推导与分析，并结合数值模拟，得到了如下有意义的结论：

（1）井筒井壁裂隙水可能是导致井筒井壁失稳垮塌的最为直接的因素。如果渗水沿着裂隙渗透到关键部位，即使少量的水都可能诱发井壁破裂直至冒落垮塌。

（2）针对水压力影响井筒井壁稳定性的关键因素：垂直破裂面裂隙水压力和破裂面上的承压水压力单一因素对井筒井壁稳定性的影响，借助于量纲分析方法给出了全连通结构面条件下的侧压系数表达式。

（3）数值模拟说明含水结构面的位置对井筒井壁围岩的稳定性起着重要的作用。岩体结构控制着井筒的塌落形式，量纲分析法可以很好描述含结构面井筒井壁失稳过程中产生的块体滑移、倾倒和冒落现象，以及应力分布的不均匀性。在考虑岩体结构性方面，量纲分析方法比其他方法更为合理。

第5章 井筒围岩软弱夹层蠕变对
井筒垮塌的影响研究

5.1 引言

根据本矿工程现场所提供的试验结果资料，该竖井井筒围岩内混有一定的软弱夹层、包括泥化夹层。对于泥化夹层，本书将在下一章内容专门研究其残余强度，这里着重分析软弱夹层（简称弱层，以下同）的蠕变以及其影响。弱层的蠕动变形是竖井井筒局部垮塌的诱因之一，因此揭示弱层蠕变的演化规律有很重要的意义。

岩土工程，特别是矿山地下开采，随着向深部进行，围岩压力随之增大，巷道和硐室普遍出现不稳定，即围岩发生明显的变形和破裂。在围压作用下，岩体从发生微裂隙到出现宏观破裂，其力学行为呈现明显的非线性，且变形与时间或过程有关，具有流变性质。我国著名专家陈宗基院士曾指出，一个工程的失稳或破坏往往是有时间过程的[152]。岩体的流变性是岩体的重要力学特性之一，是岩体流变力学理论研究中的重要组成部分，特别是软弱岩体，其流变性更加明显，许多工程问题都与其流变性密切相关[153-155]。

岩体流变模型理论至今还不很成熟，许多重大岩土工程均为岩体流变模型理论的研究带来了严峻的挑战[156-160]。当前岩体流变模型理论尤其是能反映岩体加速流变特性的模型理论仍是岩体流变力学研究中的热点和难点问题之一[161,162]。由于岩体介质的复杂性，使得其变形的非线性及流变性质十分复杂，目前针对岩体非线性流变的理论研究非常欠缺，没有普遍适用或公认的理论模型。在岩体的非线性流变模型更为复杂以及在三维情况下，通常难以求得蠕变曲线的解析解，这时只能进行数值求解。近年来，由于工程中软岩的问题比较突出，有关研究者进行了软岩的长期蠕变试验研究[163-168]。根据近年的试验结果知道，岩体具有较强的非线性特性和时间效应现象。因而，大致来说考虑时间效应的非线性模型，则能较好地描述岩体的力学特性。目前建立岩体非线性流变模型的方法主要有如下两种：一是采用非线性流变元件代替常规的线性流变元件，建立能够描述岩体加速流变阶段的流变本构模型；二是采用内时理论、损伤断裂力学等新的理论，建立岩体流变本构模型。这两种方法建立的流变本构模型均能较好地描述岩体的加速流变阶段。由于岩体非线性流变元件模型有助于从概念上认识变形的弹性分量和塑性分量，且表达式通常能直接描述蠕变与松弛，所以许多岩体力学研究工作者用非线性流变元件模型来解释岩体的各种力学特性。当前岩体非线性流变元件模型仍是目前岩体流变力学理论研究中的一个重要课题。

岩体的流变主要表现在蠕变和应力松弛两个方面，岩体的蠕变研究对于合理评价岩体的长期稳定性，即岩体力学行为的时间依存性是必不可少的。自 20 世纪 50 年代以来，国内外许多学者对岩体的蠕变特性和蠕变模型进行了大量的研究，在理论与实践上取得了重大研究成果。目前已经提出的蠕变模型有数百种，比较常用的有西原正夫模型、Burger′s 模型、宾汉姆模型等。各种模型均具有各自特点，适用于不同的情况。其中，Burger′s 蠕变模型是用来描述第三期以前的蠕变曲线简单的模型，该模型已获得较广泛的应用，效果较好。事实上，岩体材料尤其是软弱岩体，一般具有瞬弹性、瞬塑性、黏弹性和黏塑性等共存特性。

5.2　蠕变及其特征

5.2.1　蠕变

蠕变是指当应力不变时，变形随时间增加而增长的现象。岩体的蠕变曲线如图 5.1 所示。

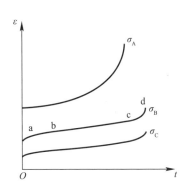

图 5.1　岩体蠕变曲线

图中三条蠕变曲线是在不同应力下得到的，其中 $\sigma_A > \sigma_B > \sigma_C$。

蠕变试验表明，当岩体在某一较小的恒定荷载持续作用下，其变形量虽然随时间增长有所增加，但蠕变变形的速率则随时间增长而减少，最后变形趋于一个稳定的极限值，这种蠕变称为稳定蠕变。当荷载较大时，如图 5.1 所示中的 abcd 曲线所示（这是典型的蠕变曲线）。如果蠕变不能稳定于某一极限值，而是无限增长直到破坏。这种蠕变称为不稳定蠕变。

根据应变速率不同，其蠕变过程可分为三个阶段：

（1）减速（初始）蠕变阶段：应变速率随时间增加而减小（曲线中 ab 段所示）。

（2）等速蠕变阶段：应变速率保持不变（曲线中 bc 段所示）。

（3）加速蠕变阶段：应变速率迅速增加直到岩体破坏（曲线中 cd 段所示）。

5.2.2 蠕变特征

（1）蠕变的一般特征

大量的软弱夹层蠕变试验证明，弱层抗剪强度是随着剪应力作用时间的延长而降低。许多工程灾害发生之前，大多都经历一定时间后发生失稳破坏，特别是受弱层强度蠕动过程降低控制的岩体失稳破坏更是如此。弱层在瞬时（$t=0$）荷载作用下的抗剪应力称为瞬时强度 τ_0，在长期荷载作用下的抗剪应力的临界强度称为长期强度极限 τ_∞，在瞬时强度 τ_0 与长期强度极限 τ_∞ 之间一定时间内产生失稳破坏的抗剪应力称为长期强度。当作用的剪应力 $\tau \leqslant \tau_\infty$ 时，即剪应力小于或等于软弱岩层的长期极限强度时，出现稳定蠕变。经减速蠕变阶段后，将过渡到等速蠕变，当变形累积到一定程度后，即进入加速蠕变阶段，直至破坏，则发生非稳定蠕变，此时作用的剪应力 $\tau > \tau_0$。非稳定蠕变具有产生破坏的潜在可能性，因此揭示其特性即可以进行蠕动井筒围岩稳定性的动态评价。

（2）弱层蠕变方程

弱层流变本构关系模型由流变产生的总变形分离成线性流变和非线性流变。非线性流变性态表现为某一正应力条件下在某一剪应力附近都有一个明显的转折点（屈服强度点），小于此剪应力属于黏弹性问题，大于此剪应力属于黏塑性问题。通过目前较为广泛应用的几种流变模型回归统计分析，发现其中的试验常数过多，且有些物理意义不明确，反映不出剪应力水平对蠕变的影响。通过试验拟合较好的流变统计模型理论，虽然比回归统计模型中试验常数物理意义明确，并且基本能够反映剪应力不同水平对蠕变的影响，但是这种模型的理论分析参数过多而且应用起来非常繁琐。

根据逐级加载的蠕变试验数据分析，弱层一般流变方程可以表示为：

$$\tau = \frac{A_0}{(1+\delta \cdot t^a)} \cdot \left(1+\frac{\sigma_n}{H}\right) \cdot \gamma^n \tag{5.1}$$

式中，τ 为作用于弱层上的剪应力，MPa；A_0 为瞬时剪切模量，MPa；t 为剪切历时，d；γ 为剪切应变，%；σ_n 为法向应力，MPa；H 为抗拉强度，kPa；n 为应变强化因子；δ、α 为试验常数。

通常情况下，当弱层蠕变过程进入加速蠕变阶段，即认为其已经破坏。因为对于竖井围岩来说，当变形进入加速蠕动变形后，导致其距离局部小部分垮塌直至最后大部分失稳垮塌的时间已经为期不远。将等速蠕变阶段向加速蠕变阶段临界的过渡点作为弱层破坏的状态，此时变形量作为弱层流变破坏的标准。亦即认为弱层破坏发生在蠕变塑性变形达到或超出某一极限值时的破坏。试验证明，蠕变变形极限值对同一种弱层近似为常数。所以，长期破坏准则可取变形达到某固定的蠕变变形值，建立长期强度条件。

（3）长期抗剪强度

以弱层破坏应变量 γ_d 作为蠕动变形破坏标准，就可以建立长期抗剪强度与应力作用时间的关系，由式（5.1）得

$$\tau = \frac{A_0}{(1+\delta \cdot t^a)} \cdot \left(1+\frac{\sigma_n}{H}\right) \cdot \gamma_d = c + \sigma_n \tan\varphi \tag{5.2}$$

式中，c 为材料黏聚力，MPa；φ 为内摩擦角；其他量意义同式（5.1）。

（4）弱层的蠕变特性

对于非稳定蠕变来说，等速蠕变阶段的应变速率与剪应力超过长期极限强度的程度有关，通过试验资料分析研究，可以用下式表示：

$$\dot{\gamma} = B \cdot \left[e^{\left(c \cdot \frac{\tau - \tau_\infty}{\tau_0 - \tau_\infty}\right)} - 1 \right] \tag{5.3}$$

式中，B 为变形比例系数，一般选取 $B = 1.0$；C 为与弱层塑性有关的试验常数。

5.3　基于改进 Burger's 蠕变模型作用下井筒围岩垮塌研究

5.3.1　经典黏弹性体（Maxwell）

经典牛顿黏滞体应变率同应力成比例。Jaeger 等人推导了三维空间中黏性流动体的应力应变方程（1969）[149]。黏弹性材料同时呈现出黏滞性和弹性特性。这类材料其中之一就是 Maxwell 材料，它可以在一维空间内由一根弹簧（弹性常数为 $\hbar$）和一组阻尼器（动力黏度常数为 η——运动黏度乘以质量密度）表示。此类材料的增量力（位移）定律可以写为：

$$\dot{u} = \frac{\dot{F}}{\hbar} + \frac{F}{\eta} \tag{5.4}$$

式中，$\dot{u}$ 为速度；F 为力。经过一个时步 Δt，用力的新值 F^{new} 和原值 F^{old} 替代以上方程的力，上式可改写为：

$$\frac{\Delta u}{\Delta t} = \frac{F^{new} - F^{old}}{\hbar \Delta t} + \frac{F^{new} + F^{old}}{2\eta} \tag{5.5}$$

这是一个中心差分方程，一旦确定了 F^{new} 和 F^{old}，中点速度就可得出，解得 F^{new} 为

$$F^{new} = (F^{old} C_1 + \hbar \Delta u) C_2 \tag{5.6}$$

式中，$C_1 = 1 - \dfrac{\hbar \Delta t}{2\eta}$，$C_2 = \dfrac{1}{1 + \dfrac{\hbar \Delta t}{2\eta}}$

用偏应力和应变增量之间的关系表示式（5.6），可得

$$\sigma_{ij}^d = (\sigma_{ij}^{d0} C_3 + 2G\Delta \varepsilon_{ij}^d) C_4 \tag{5.7}$$

式中，

$$\Delta\varepsilon_{ij}^{d} = \left(1 - \frac{1}{3}\delta_{ij}\right)\Delta\varepsilon_{ij}, \quad \sigma_{ij}^{d0} = \left(1 - \frac{1}{3}\delta_{ij}\right)\sigma_{ij}^{0}, \quad C_3 = 1 - \frac{G\Delta t}{2\eta}, \quad C_4 = \frac{1}{1 + \frac{G\Delta t}{2\eta}}$$

这里，$\Delta\varepsilon_{ij}$ 为输入的应变增量张量的分量，σ_{ij}^{0} 为初始应力张量分量，G 为剪切模量。对于应力和应变的体积分量，我们假定不存在黏滞效应，应用如下弹性关系：

$$\sigma_{ij}^{iso} = \frac{1}{3}\sigma_{kk}^{0} + K\Delta\varepsilon_{kk} \tag{5.8}$$

式中 K 为体积模量。最终应力张量由偏应力部分和各向同性部分的总和给出：

$$\sigma_{ij} = \sigma_{ij}^{d} + \sigma^{iso}\delta_{ij} = \sigma_{ij}^{d} + \left(\frac{1}{3}\sigma_{kk}^{0} + K\Delta\varepsilon_{kk}\right)\delta_{ij} \tag{5.9}$$

这种模型必需的材料参数是剪切和体积模量（对于弹性特性）与黏滞性。在剪切应力下，材料连续流动，但是在各向同性应力下材料呈现弹性特性。

5.3.2 改进的 Burger's 黏塑性蠕变模型

本课题研究的矿区垮塌区岩体组合复杂，单块岩体强度较高，但整体强度偏低。监测资料表明，该竖井围岩应力分布具有极强的时间效应，随着时间推移，围岩应力显示出明显的阶段性。总体上表现出压快、初期压力大直至失稳垮塌，随后为应力调整期，应力随时间不断增加，但增加速率降低，之后围岩应力进入平衡期，持续时间较长。这些特征反映出围岩具有明显的流变性，显示出软岩的特征。

Burger's 模型描述的蠕变规律是黏弹性的，对于普通围岩 Burger's 模型具有的特征能很好地描述蠕变规律。但是所研究煤矿竖井井筒的埋深较大（井筒全深 603.8m），围岩处于高应力作用下，有时甚至达到了岩体本身的强度极限，岩体本身的塑性变形很大。在这种情况下采用 Burger's 模型已不能准确地描述井筒围岩的蠕变情况。为此，在 Burger's 模型的基础上组合上一个摩尔-库仑模型，这相当于在黏弹性模型的基础上增加了一个塑性体。井筒岩体是处于弹性状态还是处于塑性状态用摩尔-库仑准则来判断。

Burger's 黏塑性蠕变模型考虑材料的黏弹塑性应力偏量特性与弹塑性体积变化特性。假定黏弹性和塑性应变分量以串联方式共同作用。黏弹性本构定律和 Burger's 模型（由 Kelvin 和 Maxwell 单元串联组成）一致，而塑性本构定律与 Mohr-Coulomb 模型一致，即分别用 S_{ij}、e_{ij} 表示偏应力和偏应变分量，由式（5.7）~式（5.9）推广可得

$$\left.\begin{array}{l} S_{ij} = \sigma_{ij} - \dfrac{\sigma_{kk}}{3}\delta_{ij} \\[2mm] e_{ij} = \varepsilon_{ij} - \dfrac{\varepsilon_{kk}}{3}\delta_{ij} \end{array}\right\} \tag{5.10}$$

Kelvin、Maxwell 和应力应变塑性部分分别以上标 K，M 和 P 表示。模型偏量可以通过以下关系来描述。

应变速率可表示为：

$$\dot{e}_{ij} = \dot{e}_{ij}^{K} + \dot{e}_{ij}^{M} + \dot{e}_{ij}^{P} \tag{5.11}$$

Kelvin：

$$S_{ij} = 2\eta^{K} \dot{e}_{ij}^{K} + 2G^{K} e_{ij}^{K} \tag{5.12}$$

Maxwell：

$$\dot{e}_{ij}^{M} = \frac{\dot{S}_{ij}}{2G^{M}} + \frac{S_{ij}}{2\eta^{M}} \tag{5.13}$$

Mohr-Coulomb：

$$\dot{e}_{ij}^{P} = \lambda^{*} \frac{\partial g}{\partial \sigma_{ij}} - \frac{1}{9} \dot{\varepsilon}_{kk}^{P} \delta_{ij} \tag{5.14}$$

$$\dot{\varepsilon}_{kk}^{P} = 3\lambda^{*} \left(\frac{\partial g}{\partial \sigma_{11}} + \frac{\partial g}{\partial \sigma_{22}} + \frac{\partial g}{\partial \sigma_{33}} \right) \tag{5.15}$$

体积特性为：

$$\dot{\sigma}_{kk} = K(\dot{\varepsilon}_{kk} - \dot{\varepsilon}_{kk}^{P}) \tag{5.16}$$

摩尔-库仑屈服曲线由剪切和张拉准则合成。屈服准则为 $f=0$，在主轴上可表示为：

$$f = \begin{cases} \sigma_1 - \sigma_3 N_\varphi - 2c\sqrt{N_\varphi} & \text{剪切屈服} \\ \sigma^{t} - \sigma_3 & \text{张拉屈服} \end{cases} \tag{5.17}$$

c 是材料黏聚力；φ 是内摩擦角；$N_\varphi = (1+\sin\varphi)/(1-\sin\varphi)$；$\sigma^{t}$ 为张拉强度，σ_1 和 σ_3 分别是最小和最大主应力（压缩为负），λ^{*} 是一个仅在塑性流动阶段非零的参数，它通过应用屈服条件 $f=0$ 而确定。

塑性势函数

$$g = \begin{cases} \sigma_1 - \sigma_3 N_\theta, & \text{剪切破坏} \\ -\sigma_3, & \text{张拉破坏} \end{cases} \tag{5.18}$$

θ 为材料的剪胀角，$N_\theta = (1+\sin\theta)/(1-\sin\theta)$。

将式（5.11）～式（5.13）以及式（5.15）改进为有限增量形式，即

$$\Delta e_{ij} = \Delta e_{ij}^{K} + \Delta e_{ij}^{M} + \Delta e_{ij}^{P} \tag{5.19}$$

$$\overline{S}_{ij} \Delta t = 2\eta^{K} \Delta e_{ij}^{K} + 2\overline{e_{ij}^{K}} G^{K} \Delta t \tag{5.20}$$

$$\Delta e_{ij}^{M} = \frac{S_{ij}}{2G^{M}} + \frac{\overline{S}_{ij}}{2\eta^{M}} \Delta t \tag{5.21}$$

$$\Delta \sigma_{kk}^{N} = \Delta \sigma_{kk}^{O} + K(\Delta \varepsilon_{kk} - \Delta \varepsilon_{kk}^{P}) \tag{5.22}$$

以上公式中符号上划线表示时步 Δt 内的平均值：$\overline{S} = \dfrac{S_{ij}^{N} + S_{ij}^{O}}{2}$，$\overline{e} = \dfrac{e_{ij}^{N} + e_{ij}^{O}}{2}$ 将两式代入式（5.20），求解 $e_{ij}^{K,N}$，Kelvin 应变作用可以表达成如下形式：

$$e_{ij}^{K,N} = \frac{1}{A} \left[B e_{ij}^{K,O} + \frac{\Delta t}{4\eta^{K}} (S_{ij}^{N} + S_{ij}^{O}) \right] \tag{5.23}$$

其中，$A = 1 + \dfrac{G^{K} \Delta t}{2\eta^{K}}$，$B = 1 - \dfrac{G^{K} \Delta t}{2\eta^{K}}$。

将式（5.21）和式（5.23）代入式（5.13），求解新的偏应力分量可得：

$$S_{ij}^{N} = \frac{1}{a}\left[\Delta e_{ij} - \Delta e_{ij}^{P} + bS_{ij}^{O} - \left(\frac{B}{A} - 1\right)e_{ij}^{K,O}\right] \tag{5.24}$$

其中，

$$a = \frac{1}{2G^{M}} + \frac{\Delta t}{4}\left(\frac{1}{\eta^{M}} + \frac{1}{A\eta^{K}}\right), \quad b = \frac{1}{2G^{M}} - \frac{\Delta t}{4}\left(\frac{1}{\eta^{M}} + \frac{1}{A\eta^{K}}\right)$$

5.3.3 本研究数值模型所用到的井筒井壁应力分析公式

在井筒没有垮塌之前，设井壁受均匀荷载作用，其应力可表述为

$$\begin{cases} \sigma_{\theta} = p\left(1 + \frac{a^2}{r^2}\right)\Big/\left[1 - \left(\frac{a}{b}\right)^2\right] \\ \sigma_{r} = p\left(1 - \frac{a^2}{r^2}\right)\Big/\left[1 - \left(\frac{a}{b}\right)^2\right] \\ \sigma_{z} = 2\nu p\Big/\left[1 - \left(\frac{a}{b}\right)^2\right] \end{cases} \tag{5.25}$$

式中，σ_{θ} 为切向应力；σ_{r} 为径向应力；σ_{z} 为纵向应力；a 为井壁内半径；b 为井壁外半径；ν 为泊松比；r 为考察点离井筒中心距离；p 为均匀外荷载。

若令 $r=a$，可得井壁内缘应力

$$\begin{cases} \sigma_{\theta} = 2p\Big/\left[1 - \left(\frac{a}{b}\right)^2\right] \\ \sigma_{r} = 0 \\ \sigma_{z} = 2\nu p\Big/\left[1 - \left(\frac{a}{b}\right)^2\right] \end{cases} \tag{5.26}$$

根据有限应变能理论，井壁的等效剪应力 q 为

$$q = \frac{1}{\sqrt{2}}\sqrt{(\sigma_1 - \sigma_2)^2 + (\sigma_2 - \sigma_3)^2 + (\sigma_3 - \sigma_1)^2} \tag{5.27}$$

式中，$\sigma_1 > \sigma_2 > \sigma_3$；如果令 $\sigma_{\theta} = \sigma_1$，$\sigma_{z} = \sigma_2$，$\sigma_{r} = \sigma_3$，$q = K_c$，$K_c$ 为井壁材料的容许抗压强度，则可得

$$q = K_c = \frac{1}{\sqrt{2}}\sqrt{(\sigma_{\theta} - \sigma_z)^2 + (\sigma_z - \sigma_r)^2 + (\sigma_r - \sigma_{\theta})^2} \tag{5.28}$$

井筒内层井壁为竖井井壁的主要受力结构。它主要承受水压或注浆压力作用，以及外层井壁下沉所产生的摩擦力（与下沉方向一致）和井壁自重作用。若将内层井壁截取一个高度为 dz 的井壁微分单元，则井壁微分单元的自重 W 可表述为

$$W = 2\pi RB\mu \mathrm{d}z \tag{5.29}$$

式中，R 为内层井壁中心线半径；B 为内层井壁厚度；μ 为井壁材料重度；dz 为纵向坐标 z 的增量。

根据井壁微分单元的平衡条件，可得纵向应力的表达式

$$\sigma_{z} = \mu H + p_c \chi H\left(R + \frac{2R + B}{2RB}\right) \tag{5.30}$$

式中，H 为考察点深度；χ 为摩擦系数；p_c 为水压或注浆压力（按平均值）。

5.4　蠕变对井筒围岩垮塌影响的数值实现

5.4.1　数值计算模型

本研究数值模型是基于 FLAC³ᴰ 蠕变模型基础上改进实现的，而在 FLAC³ᴰ 模型的数值实现过程中，采取黏弹性增量形式，新的试算应力分量由式（5.16）和式（5.18）确定。计算主应力分量并分类，并求出屈服函数。如果 $f \geqslant 0$，认为试算应力是新的应力。如果 $f < 0$，认为发生塑性流动，并且试算应力的值在赋予新应力和演化规律更新前，必须由增量塑性应变获得一个分量加以校正。FLAC³ᴰ 详细介绍于第 4 章，本章基于第 2、3 节所推得改进后的 Burger's 模型在三维条件下的本构关系，在 FLAC³ᴰ 平台上通过其二次开发功能接口改进其 Burger's 蠕变模型来研究本矿软弱夹层条件下所产生的蠕变对井筒井壁围岩失稳直至垮塌的影响。改进程序设计流程图见图 5.3。

根据竖井井筒冒落区域几何结构尺寸，本数值模型研究范围确定为：沿垮塌部位横向（x 轴方向）取 20m，为冒落几何尺寸的约 1.7 倍，纵深向（y 轴方向）取 60m，为冒落几何尺寸的约 3.3 倍，竖向（z 轴方向）取 20m 为冒落几何尺寸的约 1.7 倍。根据轴对称性，选取垮塌部位断面的四分之一作为研究对象，建立改进 FLAC³ᴰ 蠕变模型后的数值模型（图 5.2）。模型共生成 52249 个单元，57301 个节点，剖分的单元以六面体单元为主，含有少量的四面体过渡单元。为了简化程序处理过程，将整个研究部位划分为两种材料的岩体，即自水平标高－245m 以下至－252m，以花岗岩、砂岩混合岩体为主，简记为 Rock1。自－252m 至－265m 片麻岩、大理岩、南岭砾岩混合岩体为主，简记为 Rock2。

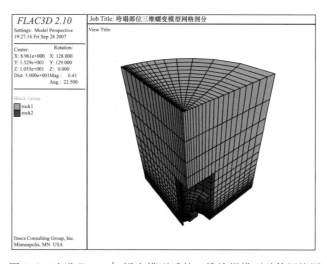

图 5.2　改进 Burger's 蠕变模型后的三维垮塌模型总体网格图

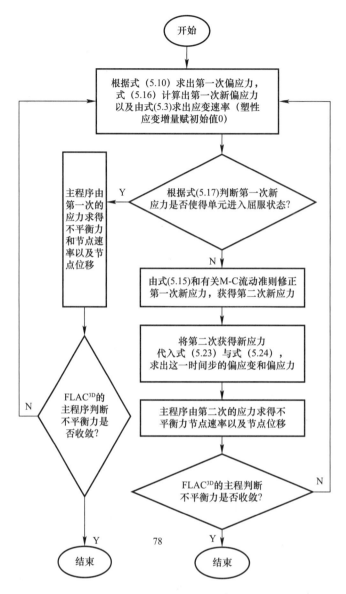

图 5.3　基于 FLCA^{3D}平台下改进 Burger's 蠕变模型的流程图

工程所提供的岩体材料试验参数及部分主要计算常数见表 5.1。

岩体材料参数　　　　　　　　　　　　　　　　　　表 5.1

岩体类型	Rock 1（花岗岩、砂岩混合岩体）	Rock 2（片麻岩、大理岩、南岭砾岩混合岩体）
剪切模量 G(GPa)	8.2	11.5
弹性模量 E(GPa)	44	45
泊松比 ν	0.30	0.30
重度 μ(kg·m^{-3})	2650	2680
黏聚力 c(MPa)	21.50	22.00
内摩擦角 φ(°)	30.5	31.8

岩体类型	Rock 1（花岗岩、砂岩混合岩体）	Rock 2（片麻岩、大理岩、南岭砾岩混合岩体）
δ（试验常数）	0.56	0.49
α（试验常数）	0.14	0.26

5.4.2　关键点蠕变研究

选取垮塌部位三水平标高－267m 处岩体关键点 5396 为例，对比 FLAC^{3D}岩体弹塑性模型计算结果与改进其 Burger's 蠕变模型后的计算结果，得出在时间 $t=0$d 时，FLAC^{3D}岩体弹塑性模型该关键点处横向位移为 3.57mm，而考虑改进 Burger's 蠕变模型后的位移为 4.25m，增加了 19.1%，弹塑性纵深向位移为 7.85mm，而考虑改进的 Burger's 蠕变模型纵深向位移为 10.07mm，增加了 28.3%，弹塑性竖向位移为 13.62mm，而考虑改进的蠕变模型竖向位移为 19.74mm，增加了 44.9%. 这表明改进蠕变模型后计算得到的结果更加精确，能够比较准确地反映井筒井壁失稳垮塌的蠕变影响机理。因此对本井筒垮塌部位井壁围岩蠕变的研究意义十分重要。

表 5.2 列出了考虑蠕变影响的关键点位移竖向位移随着时间（300 天内）的变化过程。从表中结果可以看出，关键点处竖向位移在所考虑的时间内逐渐增加，但是在达到 160 天以后，随着时间的继续增长，关键点的位移便趋于稳定，不再有明显变化。因此 160 天可以看作是该关键点处岩体蠕变趋向于稳定的临界值。

图 5.4 与图 5.5 分别绘出了改进蠕变模型后的竖向位移随时间（300 天内）的变化过程以及关键点处岩体的蠕变特性曲线。

图 5.6 为三维计算模型应变率分布图。由图可以看出，应用改进蠕变模型后，本研究区域应变率变化也较大，尤其是在井筒垮塌部位蠕变特性加强。

图 5.7 为经过放大的关键点处岩体蠕变三维模型最大主应力变化趋势图。根据程序运行模拟结果很容易看出考虑改进 Burger's 蠕变模型后的关键点处主应力易出现集中。这表明该关键点选择比较合理，能反映蠕变的特性。

图 5.8～图 5.10 分别给出了经过放大的关键点岩体蠕变三维模型横向、纵深向、竖向位移变化趋势分布图。由图很容易看出关键点处在三个方向上位移都有较大的变化，蠕变特性表现比较明显。

由以上分析可以得出，蠕变对井筒井壁围岩的失稳起到很大的破坏作用。

关键点岩体竖向位移　　　　　　　　　　　　　　　表 5.2

时间（d）	位移（mm）	时间（d）	位移（mm）	时间（d）	位移（mm）	时间（d）	位移（mm）
0	19.738	40	19.936	100	21.271	180	21.714
10	19.825	50	19.947	120	21.597	200	21.825
20	19.913	60	20.962	140	21.613	260	21.907
30	19.924	80	20.996	160	21.709	300	21.964

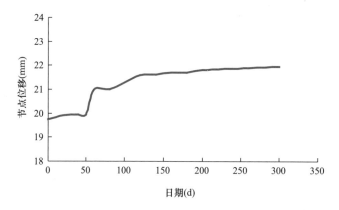

图 5.4 关键点岩体位移变化曲线

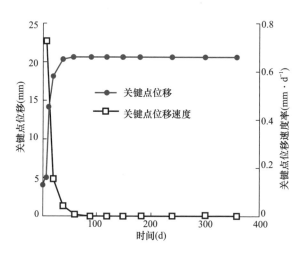

图 5.5 关键点处岩体蠕变曲线

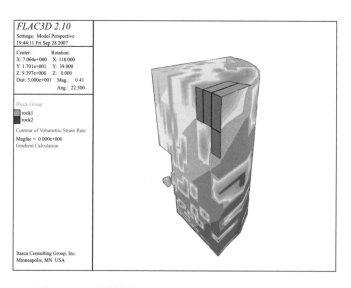

图 5.6 三维计算模型改进蠕变模型后体应变率分布图

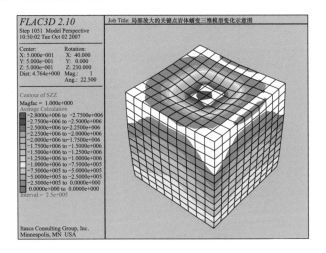

图 5.7　经过放大的关键点岩体蠕变三维模型最大主应力分布图

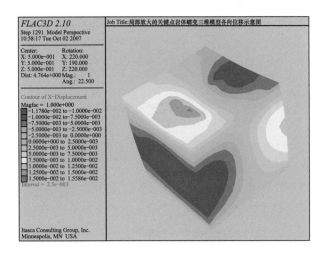

图 5.8　经过放大的关键点岩体蠕变三维模型横向（X 方向）位移分布图

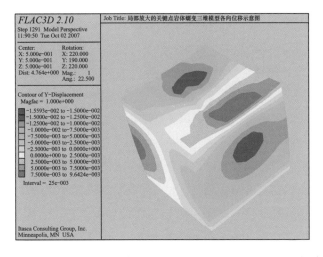

图 5.9　经过放大的关键点岩体蠕变三维模型纵深向（Y 方向）位移分布图

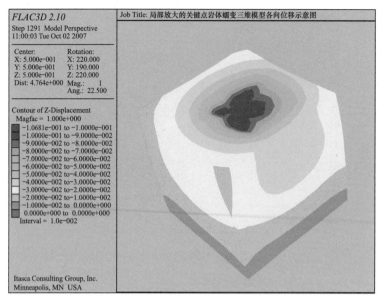

图 5.10 经过放大的关键点岩体蠕变三维模型竖向（Z 方向）位移分布图

5.5 小结

本章在 FLAC³ᴰ平台下利用其二次开发功能通过改进 Burger′s 蠕变模型来研究井筒围岩的蠕变特性，利用改进的 Burger′s 蠕变模型分析了岩体黏弹塑性变形随应力水平不同和时间发展的变化规律，考虑某些力学参数随着时间变化而演化的规律，准确反映岩体的黏弹塑性变形性能以及其在井筒垮塌过程中所起的作用。

（1）弱层变形过程、破坏应变参量是蠕动矿井竖井井筒井壁围岩稳定性分析的基础，弱层蠕动变形的剪应力剪应变关系的非线性特性不仅只与时间有关，还与时间对应的剪应力水平有关。非线性的表现程度随时间变化和剪应力水平的增加而加剧，这是研究蠕动井筒围岩的关键，同时贯穿井筒失稳垮塌的全过程。研究与其失稳破坏机制相适应的分析模型和方法，为建立蠕动井筒变形、失稳动态分析方法奠定重要基础。

（2）以经典的蠕变模型本构方程为基础，建立了改进的 Burger′s 蠕变本构模型并设计了相应的改进程序。根据矿区所提供井筒垮塌关键部位资料以及实验结果，对该井筒井壁软弱复杂岩层蠕变特性进行研究，利用改进的 Burger′s 蠕变模型来反映岩体的蠕变特性。在蠕变阶段，变形均随时间不断增长，各分级均是经历快速蠕变率衰减过程后进入稳定蠕变阶段，蠕变稳定后的蠕变率随蠕变应力的增加而增大。这表明改进蠕变模型后计算得到的结果更加精确，能够比较准确地反映井筒井壁失稳垮塌的蠕变影响机理。根据数值模拟过程以及结果，很容易得出弱层蠕动变形在竖井井筒失稳乃至局部垮塌的过程中起了很关键的破坏作用，因此对蠕变的研究意义十分重要，同时还可为同类工程加固设计提供一定的依据。

第6章 井筒围岩泥化夹层残余强度的支持向量机预测

6.1 泥化夹层的概念及经验公式

6.1.1 泥化夹层

通过上一章的研究我们得到，弱层蠕动变形是井筒井壁围岩垮塌的影响机理之一。根据工程现场提供的监测资料，该煤矿竖井井筒垮塌部位围岩内夹有一定的泥化夹层，这些泥化夹层的强度在构造错动和地下水的作用下已经降至残余强度或接近残余强度值，这对井筒围岩的失稳垮塌起到了一定的潜在破坏作用。本章引入近几年发展起来的机器学习技术——支持向量机方法对该工程背景的泥化夹层残余强度进行预测。首先来介绍泥化夹层和支持向量机的相关概念。

泥化夹层是指坚硬岩层中所夹有的结构疏松、粒间连接弱的完全泥化的夹层。夹于互层内的泥化夹层，对矿山稳定、工程建筑安全、设计方案、工程投资和施工工期等都有较大的影响[132,133]。

20 世纪 70 年代以来，国内外学者对泥化夹层的残余强度进行了大量的试验研究，专家们借助于"第三屈服值"理论，采用非等间距灰色模型预测确定泥化夹层的长期抗剪强度指标[134-136]。

6.1.2 泥化夹层残余强度的经验公式

目前引用较多的泥化夹层残余强度的公式是 Kenney 在 1967 年推得的[132]

$$\varphi_r = \frac{46.4}{0.446 I_P} \tag{6.1}$$

$$I_P = W_L - W_P \tag{6.2}$$

式中，I_P 为塑性指数；W_L 为液性界限；W_P 为塑性界限。

1974 年 Kanji 推导出的公式如下[133]

$$\varphi_r = 453.1(W_L^{-0.85}) \tag{6.3}$$

我国学者李青云和王幼麟通过理论分析和计算机逐步回归分析的方法，得出影响泥化

夹层错动带残余强度的主要因素为比表面 A_s 和胶结构含量 B，并建立了经验公式[134]

$$f_r = \begin{cases} 0.832 - 0.0884\ln A_s \\ 0.745 - 0.072\ln A_s + 0.000858B \\ \dfrac{1}{0.513 - 162.04/A_s} \end{cases} \quad (6.4)$$

$$f_r = \tan\varphi_r \quad (6.5)$$

其中，式（6.4）第一式适用于黏土类泥化夹层，第二、三式适用于灰岩类页岩、泥质灰岩类泥化夹层。

6.2 支持向量机

6.2.1 支持向量机的基本原理

支持向量机（Support Vector Machine，简称 SVM，以下同）是基于 Vapnik-Chervonenkis（简记为 VC）理论的创造性机器学习方法，是由 Vapnik 和他在贝尔实验室的合作者提出[61-63]，其基本思想是通过用内积函数定义的非线性变换将输入向量映射到一个高维特征空间，在这个高维空间中寻找输入变量和输出变量之间的一种非线性关系。SVM 在解决小样本、非线性及高维模式识别问题中表现出了许多特有的优势并且能够推广应用到函数拟合等其他机器学习问题中，它克服了神经网络由于样本数有限和缺乏理论指导所引起的如下不足：

（1）要预先设定神经网络的结构或在训练过程中不断地进行摸索，造成了这种方法对"使用者"先验知识和经验的过分依赖。

（2）神经网络可能会陷入局部极小。

（3）产生"过学习"问题。

支持向量机已成为国际上继模式识别和神经网络之后，机器学习领域新的研究热点。目前支持向量机已在降雨径流量估计[67]、环境和污染数据分析[68]、遥感图像识别[72]、测井数据分类[74]、贯导对准[75]、模式识别[77]、汉字识别[78]、雷达目标识别[80]、人脸检测[85]、计算机化学[99]、滑坡灾害预测[103]等领域有着成功的应用。

SVM 有着较好的理论基础，采用结构风险最小化原则，具有很好的泛化能力。其算法是一个凸二次优化问题（Convex Quadratic Programing Problem，简称 QP 问题），保证找到的解是整体最优解，所以 SVM 在解决小样本、非线性以及高维数模式识别等问题中表现出了许多特有的优势。SVM 同时由于能够推广应用到函数拟合等其他机器学习问题中，所以其已成为国际上继模式识别和神经网络之后机器学习领域新的研究热点。

SVM 理论是从线性可分情况下的最优分类面发展而来。基本思想可用图 6.1 的二维情况来说明。

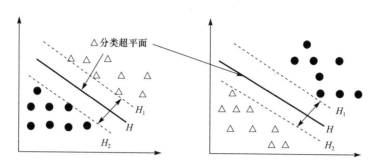

图 6.1　SVM 分类面的比较

图中实心圈和空心三角形分别代表两类样本，H 为分类线，H_1、H_2 分别为过各类中离分类线最近的样本且平行于分类线的直线，它们之间的距离叫做分类间隔（Margin）。所谓最优分类线就是要求分类线不但能将两类正确分开（训练错误率为 0），而且使分类间隔最大。分类线方程为 $(x \cdot w + b) = 0$，可以对它进行归一化，使得对线性可分的样本集 $(x_i, y_i), i = 1, 2, \cdots, n \ x \in R^{(d)}, y \in \{1, -1\}$，满足

$$y_i[(w \cdot x) + b] \geqslant 1, \quad i = 1, 2, \cdots, l \tag{6.6}$$

此时分类间隔等于 $2/\|w\|$，使间隔最大等价于使 $\|w\|^2/2$ 最小。满足式（6.6），且使 $\|w\|^2/2$ 最小的分类面就叫作最优分类面，H_1、H_2 上的训练样本点就称作支持向量（Support Vector，简称 SV）。

利用 Lagrange 优化方法可以把上述最优分类面问题转化为其对偶问题

MAX：

$$W(\alpha) = \sum_{i=1}^{1} \alpha_i - \frac{1}{2} \sum_{i=1}^{1} \sum_{j=1}^{1} \alpha_i \alpha_j y_i y_j x_i \cdot x_j = \Gamma \cdot I - \frac{1}{2} \Gamma \cdot D \cdot \Gamma \tag{6.7}$$

Subject to：

$$\left.\begin{array}{l} \alpha_i \geqslant 0, \quad i = 1, 2, \cdots, l \\ \sum_{i=1}^{1} \alpha_i y_i = 0 \\ \alpha = \{\alpha_1, \alpha_2, \cdots, \alpha_l\} \end{array}\right\} \tag{6.8}$$

其中，$\Gamma = (\alpha_1, \alpha_2, \cdots, \alpha_l), I = (1, \cdots, l)$，$D$ 是 $l \times l$ 阶的对称矩阵，各个单元为

$$D_{ij} = y_i y_j x_i \cdot x_j \tag{6.9}$$

α_i 为原问题中，与每个约束条件式（6.8）对应的 Lagrange 乘子。这是一个不等式约束下，二次函数寻优的问题，存在唯一解。容易证明，解中将只有一部分（通常是少部分）α_i 不为零，其对应的样本就是支持向量 SV。通过解上述问题后得到的最优分类函数

$$f(x) = \mathbf{sgn}[(w \cdot x) + b] = \mathbf{sgn}\left[\sum_{i=1}^{n} \alpha_i^* y_i (x_i \cdot x) + b^*\right] \tag{6.10}$$

式中的求和实际上只对支持向量进行。α_i^* 为 α_i 的最优解，b^* 是分类阈值，可以用满足式（6.6）等号中的任意一个支持向量求得，或通过两类中任意一对支持向量取中值求得。

在线性不可分的情况下，引入非负松弛变量集合 $\xi=(\xi_1,\xi_2,\cdots,\xi_l)$，这样将式（6.6）的线性约束条件转化为：

$$y_i[(w \cdot x)+b] \geqslant 1-\xi_i, i=1,2,\cdots,l \tag{6.11}$$

当样本 x_i 满足不等式（6.11）时，ξ_i 为零，否则 $\xi_i>0$，表示此样本为造成线性不可分的点。利用 Lagrange 乘子法及对偶原理对式（6.11）进行处理，可得到线性不可分条件下的对偶问题

Max：

$$w(\boldsymbol{\alpha})=-\frac{1}{2}\sum_{i,j=1}^{l}\alpha_i\alpha_j y_i y_j(x_i \cdot x_j)+C\sum_{i=1}^{l}\alpha_i=C\boldsymbol{\Gamma} \cdot \boldsymbol{I}-\frac{1}{2}\boldsymbol{\Gamma} \cdot \boldsymbol{D} \cdot \boldsymbol{\Gamma} \tag{6.12}$$

Subject to：

$$\left.\begin{array}{c} C>\alpha_i \geqslant 0, \quad i=1,\cdots,l \\ \sum_{i=1}^{l}\alpha_i y_i = 0 \end{array}\right\} \tag{6.13}$$

其中，C 为大于零的一平衡常数。在对这类约束优化问题的求解和分析中，库恩-塔克条件（Karush-Kuhn Tucker，简称 KKT，Fletcher，1987）起着重要的作用，KKT 条件为[61,62]

$$\left.\begin{array}{l} 若 \alpha_i=0, \quad 则 \xi_i=0, \quad y_i(w \cdot x_i+b) \geqslant 1 \\ 若 0<\alpha_i<C, \quad 则 \xi_i=0, \quad y_i(w \cdot x_i+b)=1 \\ 若 \alpha_i=C, \quad \xi_i \geqslant 0, \quad y_i(w \cdot x_i+b) \leqslant 1 \end{array}\right\} \tag{6.14}$$

KKT 条件是最优解应满足的充要条件，所以目前提出的一些算法几乎都是以是否违反 KKT 条件作为迭代策略的准则。

对于非线性分类超平面中，SVM 把输入样本 x 映射到高维特征空间（可能是无穷维，如图 6.2 所示）H 中，并在 H 中使用线性分类器来完成分类，即将 x 做变换

$$\phi:R^{(d)} \to H$$

映射到高维（Hilbert）空间 H 中，前面的分析同样适用。

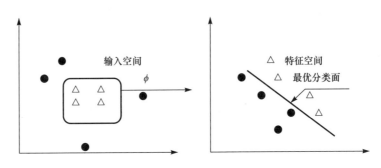

图 6.2　映射到高维空间示意图

当在特征空间 H 中构造最优超平面时，训练算法仅使用空间中的点积，即仅仅使用 $\phi(x_i) \cdot \phi(x_j)$，而没有单独的 $\phi(x_i)$ 出现。因此，如果能够找到一个函数 K 使得 $K(x_i, x_j) = \phi(x_i) \cdot \phi(x_j)$，那么，在高维空间实际上只需进行内积运算，而这种内积运算是可以用原空间中的函数来实现的，甚至没有必要知道 ϕ 的形式。根据泛函的有关理论，只要一种核函数 $K(x_i, x_j)$ 满足 Mercer[61,62,114] 条件，它就对应某一变换空间中的内积。

目前常用的核函数有：

（4）线性核函数　　　　　　　　　　$\boldsymbol{K}(\boldsymbol{x}_i, \boldsymbol{x}) = \boldsymbol{x}_i \cdot \boldsymbol{x}$

（5）多项式核函数　　　　　　　　　$\boldsymbol{K}(\boldsymbol{x}_i, \boldsymbol{x}) = [(\boldsymbol{x}_i \cdot \boldsymbol{x}) + 1]^d, d = 1, 2, \cdots$

（6）高斯径向基（RBF）核函数　$\boldsymbol{K}(\boldsymbol{x}_i, \boldsymbol{x}) = \mathrm{e}^{-\|x_i - x\|^2 / 2\sigma^2}, \sigma > 0$

（7）Sigmoid 核函数　　　　　　　　$\boldsymbol{K}(\boldsymbol{x}, \boldsymbol{y}) = \tanh[\boldsymbol{a}(\boldsymbol{x} \cdot \boldsymbol{y}) - \boldsymbol{\delta}]$

其中，$\tanh(\ )$ 是 Sigmoid 函数，分单极性 $f(x) = \dfrac{1}{1 + \mathrm{e}^{-x}}$ 和双极性 $f(x) = \dfrac{1 - \mathrm{e}^{-x}}{1 + \mathrm{e}^{-x}}$。$a$，$\delta$ 是某些常数。因此，在最优分类面中，采用适当的内积核函数 $\boldsymbol{K}(\boldsymbol{x}_i, \boldsymbol{x}_j)$ 就可以实现某一非线性变换后的线性分类，而计算复杂度却没有增加。这一特点为算法可能导致的"维数灾难"问题提供了解决方法，即在构造判别函数时，不是对输入空间的样本作非线性变换，而后再在特征空间中求解，而是先在输入空间比较向量（例如求点积或是某种距离），然后再对结果作非线性变换，这样，大的工作量将在输入空间而不是在高维特征空间中完成。SVM 结构图如图 6.3 所示。

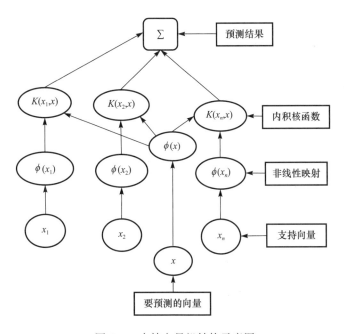

图 6.3　支持向量机结构示意图

6.2.2 支持向量机学习算法的步骤

支持向量机应用的重要方面是其算法的具体实施与应用。下面给出 SVM 算法的计算机实施具体步骤和流程图。

第一步：获取学习样本 $(x_i, y_i), i = 1, \cdots, n$；

第二步：选择进行非线性变换的核函数及对错分（误差）进行惩罚的惩罚因子 C；

第三步：形成二次优化问题，运用优化方法（如：Chunking、内点算法、SMO 算法等）解获得的优化问题，本章采用的优化方法为最小序贯算法（SMO）；

第四步：获得 α、(α^*) 及 b 的值，代入方程中，获得分类或函数拟合的支持向量机；

第五步：将需预测或分类的数据代入支持向量机方程中获得结果。

支持向量机算法流程如图 6.4 所示。

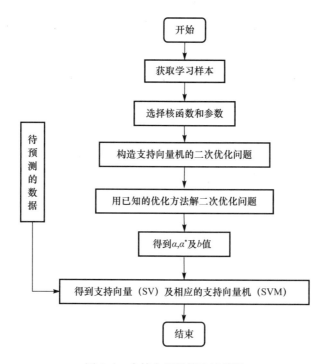

图 6.4　支持向量机算法流程图

6.3　预测模型的建立

6.3.1　构造泥化夹层残余强度的 SVM 模型

建立经验公式需要对泥化夹层数据分布形式和残余强度与影响因素的函数关系做一定

假定，在统计意义下成立。这种方法在变量存在定性描述、关系十分复杂或未知的情况下应用起来很困难。本节应用支持向量机理论来预测泥化夹层残余强度，通过 Matlab 优化工具箱方便快捷解矩阵方程的功能，编制相应的程序。采用机器学习的方法建立泥化夹层的残余强度与其各种影响因素之间的非线性关系，然后进行推广，预测新的泥化夹层的残余强度。

根据矿井工程现场提供的资料，可将竖井井筒围岩内的泥化夹层大概分为两大类，即黏土类泥化夹层与页岩和泥灰岩类泥化夹层两种情况考虑。其中黏土类泥化夹层以非胶型结构连接为主，其残余强度较低。有关研究表明，影响黏土类泥化夹层残余强度的主要因素为比表面 A_s、液性界限 W_L、塑性指数 I_P 以及黏粒含量 P 等[134]。

页岩和泥灰岩类泥化夹层残余强度含有以碳酸盐为主的胶结物使部分粒团胶结起来，增强了结构连接的牢固程度，所以该类泥化夹层的残余强度普遍较高。不仅黏粒含量 P、塑性指数 I_P、液性界限 W_L、比表面 A_s 对其残余强度有影响，而且碳酸盐的含量 T 也有影响。

采用 SVM 方法，就是将这些影响因素作为变量用网络的输入节点表达，泥化夹层的残余强度 f_r 由网络的输出节点表达，即

$$f_r(\boldsymbol{x}) = \sum_{i=1}^{n} (\alpha_i - \alpha_i^*) K(\boldsymbol{x}, \boldsymbol{x}_i) - b \tag{6.15}$$

6.3.2　两类泥化夹层残余强度的 SVM 预测

采用 18 个黏土类泥化夹层样本实验数据进行学习，将剩余的 4 个样本作为对考核本系统的检验样本。用 11 个页岩和泥灰岩类泥化夹层实验数据进行学习，同样将剩余的 4 个样本作为对考核本系统的检验样本。两类泥化夹层残余强度实测值、经验公式计算值以及两种方法预测值结果分别见表 6.1~表 6.4。

由于不同的 SVM 参数（主要指核函数和 C 及 b 值）对模型的泛化预测能力有直接的影响，因此 SVM 参数的选择是至关重要的。通过对几种核函数和多个参数调试，发现最好的模型为高斯径向基核函数。本节采用进化搜索的遗传算法来选择 SVM 参数。具体方法是：首先，随机地产生一规模为 N 的初始 SVM 参数，用给定的样本训练每一 SVM 参数对应的模型，用获得的 SVM 模型对给定的检验样本进行预测，以检验样本中的最大预测误差作为适应值。然后，通过进化计算直至找到满意的 SVM 参数。用获得的参数对应的 SVM 模型对学习样本进行学习，获得表达泥化夹层参数与残余强度的 SVM 模型，这个模型可以很好地反映泥化夹层参数与残余强度之间的非线性映射关系，用这种关系可以很好地进行参数的识别。多数实证研究表明，待定参数 σ、C 和 b 的范围总是在一个有限的范围内表现出较好的性能，偏离该区间太远会使得 SVM 预测性能明显下降。本节给出在 $C=1$，$\sigma=50$ 时 b 随适应值迭代过程中趋于稳态（收敛）的情况（$b \to 0.5$，如图 6.5 所示）。

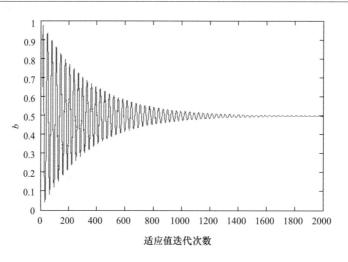

图 6.5　b 随适应值迭代过程变化曲线

黏土岩类泥化夹层残余强度实测值与经验公式计算值　　　　　　　表 6.1

样本类型	泥化夹层样本编号	黏粒含量 $P(\%)$	液性界限 $W_L(\%)$	塑性指数 $I_P(\%)$	比表面 A_s $(m^2 \cdot g^{-1})$	f_r 实测值	残余强度经验公式计算值（Pa）		
							公式（6.1）	公式（6.3）	公式（6.4）第三式
							计算值	计算值	计算值
网络学习过的样本	1	56	33	16	101	0.21	0.24	0.43	0.27
	2	48	35	23	157	0.24	0.20	0.41	0.23
	3	59	64	29	618	0.19	0.18	0.24	0.20
	4	29	33	13	93.6	0.25	0.27	0.43	0.28
	5	25	22	11	58.4	0.38	0.29	0.64	0.39
	6	31	60	28	66	0.384	0.186	0.25	0.35
	7	66	42	21	159.82	0.213	0.212	0.34	0.233
	8	61	74	36	398.1	0.213	0.166	0.21	0.294
	9	51	92	46	511.3	0.213	0.149	0.17	0.20
	10	63	58	29	290.55	0.213	0.183	0.26	0.210
	11	56	98	50	619.27	0.194	0.143	0.16	0.198
	12	68	27	12	64.65	0.325	0.275	0.52	0.356
	13	67	35	16	108.12	0.231	0.164	0.23	0.230
	14	36	65	37	169	0.231	0.164	0.23	0.230
	15	51	62	28	681	0.20	0.19	0.24	0.20
	16	58	40	17	146	0.25	0.23	0.36	0.24
	17	55	67	27	688	0.21	0.19	0.23	0.20
	18	41	69	37	238.65	0.213	0.164	0.22	0.216
未学过的样本	19	46	78	42	379.4	0.204	0.261	0.21	0.209
	20	54	54	27	203	0.24	0.192	0.26	0.235
	21	51	86	45	496.5	0.194	0.206	0.20	0.185
	22	35	26	10	34	0.46	0.35	0.436	0.49

页岩、泥灰岩类泥化夹层残余强度实测值与经验公式预测值　　　表 6.2

样本类型	泥化夹层样本编号	黏粒含量 P（%）	液性界限 W_L（%）	塑性指数 I_P（%）	比表面 A_s（$m^2 \cdot g^{-1}$）	f_r实测值	残余强度经验公式计算值（Pa）			
							公式（6.1）计算值	公式（6.3）计算值	公式（6.4）第三式计算值	公式（6.4）第一式计算值
网络学习过的样本	1	56	33	16	101	0.45	0.28	0.46	0.45	0.45
	2	48	35	23	157	0.51	0.33	0.61	0.45	0.45
	3	59	64	29	618	0.37	0.21	0.33	0.39	0.41
	4	29	33	13	93.6	0.40	0.24	0.42	0.36	0.36
	5	25	22	11	58.4	0.52	0.38	0.71	0.44	0.44
	6	31	60	28	66	0.38	0.25	0.47	0.56	0.45
	7	66	42	21	159.82	0.45	0.32	0.81	0.4	0.46
	8	61	74	36	398.1	0.54	0.30	0.54	0.52	0.52
	9	51	92	46	511.3	0.53	0.29	0.52	0.48	0.46
	10	63	58	29	290.55	0.51	0.30	0.50	0.51	0.51
	11	56	98	50	619.27	0.46	0.33	0.59	0.46	0.46
未学过的样本	12	46	78	42	379.4	0.39	0.27	0.45	0.45	0.44
	13	54	54	27	203	0.42	0.36	0.64	0.50	0.52
	14	51	86	45	496.5	0.43	0.30	0.56	0.45	0.46
	15	35	26	10	34	0.40	0.25	0.44	0.43	0.44

页岩、泥灰岩类泥化夹层残余强度实测值与 ANN 和 SVM 预测值　　　表 6.3

样本类型	泥化夹层样本编号	黏粒含量 P（%）	液性界限 W_L（%）	塑性指数 I_P（%）	比表面 A_s（$m^2 \cdot g^{-1}$）	碳酸岩含量 T（%）	f_r实测值	残余强度预测值（Pa）			
								用神经网络预测		用支持向量机预测	
								预测值	相对误差	预测值	相对误差
网络学习过的样本	1	53	31	12	75	26.99	0.45	0.449978	0.000049	0.450004	−0.000009
	2	47	23	8	74	81.44	0.51	0.509706	0.000653	0.509816	0.000361
	3	52	44	22	138	31.26	0.37	0.371703	−0.004603	0.369027	0.002630
	4	60	34	16	202	9.06	0.40	0.399412	0.001470	0.420763	0.006200
	5	34	20	6	31	23.03	0.52	0.520223	0.000429	0.517913	0.004014
	6	49	30	15	65	16.2	0.38	0.380587	−0.001545	0.379592	0.001074
	7	38	18	9	58	15.7	0.45	0.450076	0.000169	0.449936	0.000142
	8	35	26	10	34	35.5	0.54	0.536632	−0.051908	0.540128	−0.000237
	9	43	27	11	55	12.14	0.53	0.530159	−0.000300	0.521849	0.015094
	10	51	28	10	39	36.39	0.51	0.509998	0.000004	0.510087	−0.000171
	11	52	24	8	61	18.44	0.46	0.459814	0.000404	0.459931	0.000150
未学过的样本	12	36	27	14	76	8.82	0.39	0.390520	−0.004069	0.389904	0.000246
	13	42	22	7	41	50.31	0.42	0.422152	0.005124	0.421709	0.001333
	14	54	25	10	73	28.99	0.43	0.430056	−0.000130	0.430029	−0.000067
	15	59	32	15	94	29.41	0.40	0.399622	0.000945	0.399816	0.000460

黏土岩类泥化夹层残余强度实测值与 ANN 和 SVM 预测值 表 6.4

样本类型	泥化夹层样本编号	黏粒含量 P（%）	液性界限 W_L（%）	塑性指数 I_P（%）	比表面 A_s（$m^2 \cdot g^{-1}$）	f_r 实测值	残余强度预测值（Pa）					
							用神经网络预测			用支持向量机预测		
							预测值	绝对误差	相对误差	预测值	绝对误差	相对误差
网络学习过的样本	1	56	33	16	101	0.21	0.209904	0.000096	0.000457	0.209947	0.000053	0.000252
	2	48	35	23	157	0.24	0.239181	0.000819	0.003413	0.239514	0.000486	0.002025
	3	59	64	29	618	0.19	0.189076	0.000924	0.004863	0.190062	−0.000062	−0.000326
	4	29	33	13	93.6	0.25	0.249462	0.000538	0.002152	0.249174	0.000826	0.003304
	5	25	22	11	58.4	0.38	0.379530	0.000470	0.001237	0.380079	−0.000079	−0.000208
	6	31	60	28	66	0.384	0.382999	0.001001	0.002607	0.383177	0.000823	0.002143
	7	66	42	21	159.82	0.213	0.211638	0.001362	0.006394	0.212582	0.000418	0.001962
	8	61	74	36	398.1	0.213	0.210806	0.002194	0.010301	0.211485	0.001515	0.007113
	9	51	92	46	511.3	0.213	0.210749	0.002251	0.022428	0.211837	0.001163	0.005460
	10	63	58	29	290.55	0.213	0.211638	0.001362	0.006394	0.220014	−0.000014	−0.000066
	11	56	98	50	619.27	0.194	0.192631	0.001369	0.007057	0.189649	0.004351	0.010568
	12	68	27	12	64.65	0.325	0.324703	0.000297	0.000914	0.324806	0.000194	0.000597
	13	67	35	16	108.12	0.231	0.230220	0.000780	0.003377	0.230097	0.000903	0.003909
	14	36	65	37	169	0.231	0.230145	0.000855	0.003701	0.230719	0.000281	0.001217
	15	51	62	37	681	0.20	0.200339	−0.000339	−0.001695	0.199752	0.000248	0.001240
	16	58	40	17	146	0.25	0.250448	−0.000448	−0.001792	0.250096	−0.000096	−0.000384
	17	55	67	27	688	0.21	0.209634	0.000366	0.001743	0.209824	0.000176	0.000838
	18	41	69	37	238.65	0.213	0.212140	0.000860	0.008075	0.213497	−0.000497	−0.002333
未学过的样本	19	46	78	42	379.4	0.204	0.203068	0.000932	0.004589	0.203604	0.000396	0.001941
	20	54	54	27	203	0.24	0.251040	−0.011040	−0.046000	0.237148	0.002852	0.011883
	21	51	86	45	496.5	0.194	0.201446	−0.007446	−0.038381	0.199685	−0.005685	−0.029304
	22	35	26	10	34	0.46	0.467891	−0.007891	−0.017154	0.460193	−0.000193	−0.000420

6.4 预测结果分析及泥化夹层对井筒井壁围岩稳定性的影响

由表 6.1～表 6.4 预测结果可知，黏土类泥化夹层残余强度相对页岩、泥灰岩类泥化夹层残余强度普遍较低。

由表 6.1 和表 6.3 可知，利用经验公式计算所得两类泥化夹层残余强度值分别与其实测值结果相差很大，绝大多数相对误差超过 30%。这说明采用经验公式计算泥化夹层残余强度其所带来的结果可靠性较差，不能很好地为含有软弱夹层的井筒井壁围岩稳定性提供较准确的判断。因此采用传统的计算方法已经远远不能满足现实工程的需要。

由表 6.2 和表 6.4 可知，应用人工神经网络（简称 ANN）和 SVM 理论对两类泥化夹层残余强度值预测的结果与其实测值十分接近，误差很小。

（1）在黏土类泥化夹层残余强度的预测结果中（表 6.2），利用 ANN 方法预测的残余强度值最大相对误差分别为 2.2428%（学习样本 9）和 4.6%（检验样本 20）。利用 SVM 方法预测的残余强度值最大相对误差分别为 1.0568%（学习样本 11）和－2.9304%（检验样本 21）。

（2）在页岩、泥灰岩类泥化夹层残余强度的预测结果中（表 6.4），利用 ANN 方法预测的残余强度值最大相对误差分别为－5.1908%（学习样本 8）和－0.4069%（检验样本 12）。利用 SVM 方法预测的残余强度值最大相对误差分别为 0.62%（学习样本 4）和 0.1333%（检验样本 13）。

（3）从整体来看，两类泥化夹层残余强度预测中，SVM 方法相对误差要比 ANN 方法小很多（不排除个别由于参数调试过程中带来的误差而导致 ANN 的相对误差小于 SVM 的情况）。因此，在小样本情况下，SVM 方法要比 ANN 方法预测精度高很多。

泥化夹层残余强度较低是导致深竖井筒失稳垮塌的潜在因素之一。尤其是井筒井壁围岩中混有的黏土类泥化夹层，由于其残余强度相对来说更低，对井筒井壁的失稳垮塌起到了加速和大范围破坏冒落的作用。

6.5　小结

本章将益新矿混合竖井井筒垮塌部位井壁围岩所含部分软弱夹层分为两大类（黏土类泥化夹层与页岩和泥灰岩类泥化夹层），构造支持向量机（SVM）模型分别对其残余强度进行预测。由于支持向量机（SVM）方法不需要事先假定泥化夹层的残余强度与其影响因素之间的函数关系，通过对实例样本的学习即可找出其之间的内在联系。SVM 理论的最大特点是根据 Vapnik 结构风险最小化（Structural Risk Minimization，简称 SRM）原则，尽量提高学习机的泛化能力，即由有限的训练集样本得到的小的误差能够保证相对独立的测试集仍保持小的误差。这种做法可以避免在泥化夹层残余强度的计算过程中因苦于找不到合适的方程而不得不采用简化处理的方法所带来的严重误差，同时还克服了利用神经网络（主要是 BP 网络）预测泥化夹层的残余强度时，由于样本数有限和缺乏理论指导，要预先设定神经网络的结构或在训练过程中不断地进行摸索，造成了这种方法对"使用者"先验知识和经验的过分依赖的不足。

采用新方法对于该井筒工况条件下的两类泥化夹层残余强度的精确预测，能够为井筒井壁围岩稳定性提供较为准确的判断。通过以上的对比分析可知，机器预测（主要是 ANN 和 SVM）的方法相对经验公式方法来讲，精确度普遍高出几十倍乃至上百倍。因此，采用机器预测的方法其结果更为可靠，尤其是 SVM 方法，由于其本身在机器预测方面所具有的优点，可为本课题研究背景下深竖井筒在垮塌前后复杂岩体的作用机理认识上有比较重要的意义。两类泥化夹层残余强度的精确预测，特别是对残余强度相对较低的黏土类泥化夹层的精确预测，对于垮塌井筒的支护加固都有一定的参考和实用价值。

第7章 混合竖井井筒井壁围岩恢复
工程加固方案技术研究

前面几章内容分别研究了益新煤矿混合竖井塌落井筒的模型建立和垮塌机理，本章将对其加固方案技术进行研究。

7.1 高强度锚杆支护的技术特点

国内外实践经验表明，锚杆支护是目前塌方治理中最有效、最经济的支护方式。锚杆支护技术在我国塌方加固中早有应用[17,46,48]，但普通锚杆形式简单，锚固力低、可靠性差，只是用于垮塌不太严重的条件下。本课题所研究井筒垮塌塌方达 1000m³，以及垮塌区井筒井壁围岩的特殊性（蠕变影响、混有少量的残余强度较低的黏土类、页岩泥灰岩类泥化夹层），因此采用普通的锚杆已经远远不能达到要求，必须采用高强度锚杆进行支护加固。

高强度锚杆支护新技术的特点主要有：

（1）先进的支护原理。锚杆支护与传统的支护方式相比，它是一种主动支护形式，通过锚杆的预紧力主动施加支护阻力。对于井筒井壁围岩来说，锚杆锚索支护能够限制垮塌后已加固部位以及完好井筒井壁围岩的变形和破坏，同时，锚杆支护又允许被加固部位围岩变形，在同步变形中不断加大支护阻力，所以锚杆支护又是一种柔性支护形式。由此可见锚杆支护适合垮塌部位井筒井壁围岩变形破坏特点，充分利用井筒井壁围岩本身的自承能力，因而将能收到良好的支护效果。

（2）科学的设计方法。锚杆支护设计是锚杆支护技术中的一项核心内容。支护形式和参数选择不合理，难以达到理想的支护效果，常会出现两个方面的问题：其一是支护强度太高，浪费材料，增加成本，其二是支护强度不够，出现冒落垮塌事故。锚杆支护形式和参数的选择对发挥锚杆支护的优越性具有十分重要的意义。锚杆支护的设计方法有多种，各有其优缺点和适应性。本课题总结前人的经验，提出锚杆支护动态信息设计方法。

（3）高强度支护材料。锚杆杆体为特别轧制的左旋无纵筋螺纹钢筋，杆尾螺纹滚压形成，杆体直径范围在 $\phi18mm \sim \phi26mm$，破断力 $15 \sim 28t$，杆体长 $1800 \sim 2600mm$（当然根据一些特殊工程问题的特殊要求，还有一些超长锚杆），配套等强碟形托盘及均载球形垫。

（4）高预紧力、早期承载。该项技术强调锚杆支护预紧力要达到 200N·m 以上，锚索预紧力要达到 8t 以上，就是根据锚杆的主动支护原理，在井筒垮塌空区以上以及塌落体部分对其变形进行控制，改变其应力状态，保持井筒井壁围岩的良好自承能力。由于采用树脂作为锚固材料，锚固长度 500～2000mm，承载快，锚固力大，可靠性强。在困难条件下采用树脂锚固预应力锚索补强，锚索长度 5～15m，可锚固于冒落范围外稳定岩层内，单根锚索的破断力达 28t。

（5）统一完整的整体支护体系。将锚杆、锚索等支护构件组合成一体，各支护构件协调一致，相互策应，共同有效地支护井筒井壁围岩。

（6）高度安全可靠性。高强度锚杆支护新技术，由于其支护原理先进，采用高强度螺纹钢锚杆、大锚深高破断力钢绞线锚索、高强度高可靠性树脂锚固剂，其对井筒井壁围岩支护强度及支护范围都将大大增加，所以支护的效果会更好、井筒井壁围岩的安全性也将更高。同时采取日常监测技术，经常性地监测井筒井壁围岩的位移和支护构件的受力，随时判断井筒井壁围岩的安全状况，及时采取补强加固措施，这将更加增强井筒井壁围岩的安全可靠性。

7.2　传统锚杆支护设计方法

确定合理的锚杆支护形式和参数必须借助科学的锚杆支护设计方法。在我国许多矿区，锚杆支护设计缺乏科学依据，确定支护形式和参数时主要靠工程类比或套用某种假想理论的计算公式，具有某种盲目性，因而存在安全隐患和不合理性。在本课题的研究中，将设计方法作为其中一项重要研究内容。

目前，锚杆支护设计方法大体上可分为四类，即工程类比法、理论分析法、数值计算法及监测法。

7.2.1　工程类比法

工程类比法是当前应用最广的方法。它是根据已经支护的类似工程的经验，通过工程类比，直接提出锚杆支护参数。这种方法主观性很强，支护设计的好坏与设计者的技术水平和实践经验关系很大。为了将特定岩体条件下的设计与个别的工程相应条件下的实践经验联系起来进行工程类比，做出比较合理的设计方案，有必要对井筒井壁围岩进行分类。井筒井壁围岩分类后，可根据不同类别的岩层确定不同的支护形式和参数。

国外比较著名的岩石分类法有岩体质量 Q 分级法（Barton，1974）和 RMR 岩体分级法（Bieniawski，1979）及其相应的锚杆支护建议。我国煤炭行业的专家学者，在这方面做了许多有益工作，制定了《煤巷锚杆支护技术规范》。在井筒井壁围岩分类的基础上选择锚杆支护形式和参数，改进了工程类比法的客观性，但这仍是一种比较粗糙的锚杆支护设计方法。

7.2.2 理论分析法

理论分析法在测得岩体和支护材料力学参数的前提下，根据井筒井壁围岩力学特征建立数学模型，通过计算确定支护参数。锚固支护设计的理论计算方法很多，主要有以下几种[17]：

（1）悬吊理论

假定被考察围岩已冒落，根据锚杆悬吊的冒落岩层的重量来计算锚杆直径和间排距，根据不稳定岩层厚度计算锚杆长度。

（2）组合梁理论

把层状顶板岩层看作叠合梁，打锚杆后形成组合梁，通过计算组合梁所必需的承载能力来确定锚杆支护参数。

（3）剪切破坏理论

该理论认为，在强度较低、处于弹塑性应力状态下的井筒井壁围岩中，其失稳主要表现为在垂直于最大主应力方向上出现塑性破裂楔体，锚杆支护就是要阻止这一破裂楔体的产生，防止井筒井壁围岩的失稳破坏，据此进行锚杆支护参数设计。

（4）均匀压缩带理论

该理论认为，在锚杆锚固力作用下，每根锚杆周围形成一个两头带圆锥的筒状压缩区。各锚杆所形成的压缩区彼此联成一个一定厚度的均匀压缩带。该带具有较大的承载能力，根据所需压缩带厚度计算锚杆参数。但是，由于井筒井壁围岩地质条件复杂多变，力学模型和参数难以确定和选取，这就大大影响了计算结果的精确度和可信度，大多仅能作为参考。

7.2.3 数值计算法

随着计算技术的迅速发展[175-179]，有限差分、有限元、边界元、无单元及离散元等数值方法已用于支护设计[101,111,119]。它们在解决非圆形、非均质、复杂边界条件的井筒井壁围岩和巷道支护设计方面显示出较大的优越性。而且可以同时进行众多方案的比较，从中选出合理方案。

（1）有限元法

在有限元计算机软件中，把连续介质或物体表示为一些小部分（称为有限元）的集合。这些单元可认为是在一些指定结合点（节点）处彼此连接。这些节点通常是置于单元的边界上，并认为相邻单元就是在这些节点上与它相连的。由于不知道连续介质内部的场变量（如位移、应力、温度、压力或速度）的真实变化，所以先假设有限元内场变量的变化可用一种简单的函数来近似描述。这些近似函数可以由场变量在节点处的值来确定。当对整个连续介质写出场方程组（如平衡方程组）时，新的未知量就是场变量的节点值。求解方程组即得场变量的节点值，继而求出整个单元集合体的场变量，最终求得位移和应力的近似解。

（2）离散元方法

离散元主要是为含有地质不连续面的岩体工程的数值分析而发展的。它也像有限元那样，将区域划分成单元，单元因受节理等不连续面的控制，在以后的运动过程中，单元联结点可以分离，即一个单元与其邻近单元可以接触，也可以分开。单元之间相互作用的力可以根据力和位移的关系求出，而个别单元的运动则完全根据该单元所受的不平衡力和不平衡力矩的大小按牛顿运动定律确定（7.5.2 节将做详细介绍）。

（3）有限差分法

差分法是一种最古老的数值计算方法，但是随着现代数值计算手段的飞速发展，赋予差分法更多的功能和更广的应用范围。现在的有限差分数值计算软件，采用显式 Lagrange 算法及混合离散划分单元技术，使得它能够较精确地模拟材料的塑性流动和破坏。目前这种软件已广泛应用于岩土工程中。

从国内外使用情况分析，有限差分法和离散元法得到了越来越广泛的应用。前者适用于大变形问题，而后者在计算含有大量节理、裂隙的破碎岩体方面具有较大优势。

7.2.4　工程监测法

根据现场实际监测资料，利用数理统计方法进行煤矿围岩支护设计已被很多国家采用。著名的新奥法特点之一就是根据施工过程中对巷道围岩收敛量等参数监测结果修改初步设计，取得了很好的效果。澳大利亚、英国十分重视现场测试和监测。在进行锚杆设计之前，对井筒井壁围岩地质力学性质、地应力及锚杆锚固性能进行全面、系统的测试和评估，根据测试和评估结果进行锚杆支护初始设计。将初始设计实施于井下后，要对井筒井壁围岩位移、锚杆受力分布进行全方位监测，然后将监测结果反馈至初始设计，进行修改和调整。目前，这种方法已经得到普遍承认。

7.3　动态信息设计法

从以上介绍可以看出，锚固支护的设计方法有多种，各有其优缺点和适应性。本课题博取国内外锚杆支护设计理论精华，结合众多恢复加固工程实际情况，总结出锚杆支护动态信息设计方法。该方法包括：试验点调查和地质力学评估、初始设计、加固点监测和信息反馈、修正设计和日常监测等内容。实施过程为：在试验点调查地质力学评估的基础上，采用数值计算和工程类比相结合的方法进行初始设计，然后将初始设计实施于井筒井壁围岩和垮塌空区以下需要加固的部位，并进行详细的井筒井壁围岩位移和锚杆受力监测，根据监测结果验证或修正初始设计。正常施工后还要进行日常监测，保证被加固部位安全。

7.3.1 试验点调查和地质力学评估

试验点调查和地质力学评估是在井筒井壁围岩地质力学测试的基础上进行的。包括以下几方面：

（1）井筒井壁围岩岩性和强度：井筒井壁岩层厚度，岩石抗压强度。

（2）地质构造和井筒井壁围岩结构：垮塌空区周围比较大的地质构造，如断层、褶曲等的分布，对井筒井壁围岩的影响程度。井筒井壁围岩中不连续面的分布状况，如岩体分层厚度和节理裂隙间距的大小，不连续面的力学特性等。

（3）地应力：地应力包括垂直主应力和两个水平主应力，其中最大水平主应力的方向和大小对锚杆支护设计尤为重要。

（4）环境影响：水文地质条件，水、风化对井筒井壁围岩强度的影响。

（5）粘结强度测试：采用锚杆拉拔计确定树脂锚固剂的粘结强度。该测试工作必须在恢复工程施工之前进行完毕。测试应采用施工中所用的锚杆和树脂药卷，分别在井筒井壁两帮设计锚固深度上进行两组拉拔试验。粘结强度满足设计要求后方可在恢复工程施工中采用。

7.3.2 初始设计

初始设计首先应用锚杆支护设计专家系统——BOLTING 软件给出基本设计，再利用三维离散元值计算程序 3DEC，进行多方案比较，选出最优的设计方案。

（1）Bolting 软件设计

Bolting 软件设计所需原始参数如下：

① 地应力大小和方向。

② 1.5 倍井筒直径宽度范围内岩层层数与厚度。

③ 各层节理裂隙间距。

④ 各层分层厚度。

⑤ 各岩层单轴抗压强度。

⑥ 岩层的 E、μ、c、φ 值。

输入原始参数，运行 Bolting 软件，给出一个初步设计方案，然后再进行数值计算，优化参数。

（2）数值计算软件

近几年来，离散元数值计算软件功能得到不断完善，在世界许多地下工程稳定性分析及支护辅助设计中得到应用。目前应用的三维离散元数值计算软件 3DEC 模型具有多种介质和节理的力学特性可供选用，可以用于模拟不同特性的不连续岩体，可以模拟工程开挖和井筒井壁围岩变形破坏及岩块崩落的过程，在模拟支护体方面，可提供多种结构单元。离散元数值方法为地下工程力学问题的过程模拟分析提供了强有力的工具。

7.3.3　实施监测技术

初始设计实施后，必须进行全面系统的监测，这也是动态信息法中的一项主要内容。监测的目的是获取井筒井壁围岩和锚杆的各种变形与受力信息，以便分析井筒井壁围岩和塌落体锚固部位以及垮塌空区以上顶板的安全程度和修正初始设计。试验监测主要有以下几方面内容：

（1）井筒井壁围岩和垮塌空区顶板以及侧帮表面的位移观测，目的就是掌握井筒垮塌空区以上以及井壁加固后不同阶段的变形及断面收敛情况，用以评价支护效果。

（2）井壁深部位移，目的是掌握井筒井壁围岩内部的变形情况，以便分析锚杆支护部位变形特征。

（3）锚杆受力观测，目的是掌握不同时期垮塌空区以上锚杆的受力及井筒井壁围岩变形变化增长情况，为判断评价支护参数是否合理以及给调整支护设计参数提供依据。

（4）锚索受力观测，目的是掌握不同阶段锚索受力的变化情况，以便了解锚索补强支护在整个支护体系中所起的作用。

（5）锚杆锚固力抽检，目的是掌握锚杆锚固力是否达到了设计要求，以确保施工质量和支护可靠性。

（6）锚杆预紧力检测，目的是随时检测锚杆扭紧力矩是否达到设计要求，以便及时紧固，让锚杆完全发挥支护作用。

其中前 4 个项目在工程监测设计方法中属于综合观测项目，主要为了机理研究和校合设计。（5）、（6）观测项目为日常检测项目，主要为保证井筒垮塌恢复工程施工质量和使用安全。

7.4　信息反馈和修正初始设计

7.4.1　信息反馈指标

本试验监测数据很多，必须从众多数据中选取修改、调整初始设计的反馈信息指标。指标应简单、易于测取，而且是影响支护参数的关键数据。为此，选用垮塌空区顶板离层值、井筒井壁围岩和垮塌空区侧帮相对移近量、锚杆受力、锚索受力 4 个方面的 6 个指标。

垮塌空区顶板离层值包括锚固区内外顶板离层值 2 个指标。垮塌空区顶板离层值只能反映此处顶板被加固后的稳定情况，井筒井壁围岩和垮塌空区侧帮的稳定状况需要另外的指标来控制。这里采用的是井筒井壁围岩和垮塌空区侧帮移近量。从科学性考虑，采用两端点交线互相垂直移近量更为合理，但在现场难以取得，因此选用特定监测点井壁正对两侧壁和垮塌空区侧帮相对移近量1个指标。

井筒井壁围岩和垮塌空区侧帮的稳定状况与锚杆的受力大小和是否受到损坏关系很大。锚杆支护参数设计的合理性在一定程度上也表现在锚杆的受力状况上。在井筒恢复工程加固影响期内锚杆受力选用2个指标，全长锚固1个，端锚1个。对于全长锚固锚杆，由于整个杆体受到粘结剂与井筒井壁围岩和垮塌空区侧帮的约束，井筒井壁围岩和垮塌空区侧帮稍有变形，锚杆杆体上的受力增加很大，中部产生屈服。在锚固体其他条件一定时，锚杆杆体强度大则屈服的范围小，杆体强度小则屈服范围大。因此，用测力锚杆杆体测点屈服数与杆体测点总数的比值作为全长锚固锚杆的受力指标。对于端锚锚杆的受力控制指标选用设计锚固力，实测指标选用锚杆测力计量测恢复工程加固影响期内锚杆工作时承受拉力的数值。锚索在锚杆支护中的作用很重要，其锚点深、锚固力大，可补充锚杆支护范围和强度的不足，确保井筒井壁围岩和垮塌空区侧帮安全。锚索的受力可以直接反映加固工程的支护效果及安全状况。初步选择并确定6个指标，量测和确定时间为恢复工程施工期。6个指标分别用 A、B、C、D、E、F 表示，见表7.1。

信息反馈指标　　　　　　　　　　　　　　　　　　　表7.1

A（mm）	锚固区内、垮塌空区的顶板离层设计值
B（mm）	锚固区外、垮塌空区的顶板离层设计值
C（mm）	井筒正对两侧壁和垮塌空区侧帮相对移近量
D（mm）	全长锚固测力锚杆杆体测点屈服数与杆体测点总数的比值，暂定为1/3
E（kN）	端锚锚杆的设计锚固力
F（kN）	锚索的设计锚固力

7.4.2　修改初始设计

根据反馈信息来修改初始设计是以恢复工程施工期间的实测值分别为 A'、B'、C'、D'、E'、F' 与反馈信息指标 A、B、C、D、E、F 的数据相比较，然后确定修改初始设计的准则见表7.2。

初始设计修改准则　　　　　　　　　　　　　　　　　表7.2

$A'<A$	$B'<B$	$C'<C$	$D'<D$	$E'<0.8E$	$F'<0.6F$
当指标满足这些条件时，初始设计不需要修正，若6个条件有一个或一个以上条件得不到满足，就需要修改设计					

当顶板锚杆锚固区内存在问题时，如：

（1） $A'>A$，加强支护技术措施是：减小垮塌空区顶板锚杆间排距，原则上每排先增加1根锚杆。

（2） $A'<A$，$D'>D$ 或 $E'>0.7E$，加强支护技术措施是：加大垮塌空区顶板锚杆的强度，原则上每根直径增加2mm，如锚杆直径超过22mm，则改用更优质材料锚杆。

（3）$A'>A$，$D'>D$ 或 $E'>0.7E$，加强支护技术措施是：

① 加大垮塌空区顶板锚杆的强度，同（2）；

② 减小垮塌空区顶板锚杆间排距，同（1）。

（4）$A'>A$，$E'>0.5E$，加强支护技术措施是：

① 增加垮塌空区顶板锚杆粘结段长度，提高锚杆粘结力；

② 减小垮塌空区顶板锚杆间排距，原则上每排先增加 1 根锚杆；

当垮塌空区顶板锚杆锚固区外存在问题时：

$B'>B$ 或 $F'>0.7F$，加强支护技术措施是：

③ 加大垮塌空区顶板锚杆长度，原则上先增加 20cm；

④ 加强井筒正对两侧壁和垮塌空区侧帮（原则上先各增加 1 根）或在井筒正对两侧壁和垮塌空区侧帮以及底角注浆，防止锚固区外垮塌空区顶板离层；

⑤ 垮塌空区顶板打锚索或增加锚索数量。

当井筒正对两侧壁和垮塌空区侧帮存在问题时：

（5）$C'>C$，加强支护技术措施是：

① 加大两帮锚杆长度，原则上先增加 20cm；

② 减小两帮锚杆间排距，原则上每排先增加 1 根。

（6）$D'>D$ 或 $E'>0.7E$，加强支护技术措施是：加大两帮锚杆的强度，原则上每根直径增加 2mm，如锚杆直径超过 22mm，则改用更优质材料的锚杆。

（7）$C'>C$，$D'>D$ 或 $E'>0.7E$，加强支护技术措施是：

① 加大两帮锚杆的强度和长度，同（2）及（1）①；

② 减小两帮锚杆间排距，同（1）②。

上述各项中的"加强支护技术措施"可以采用一种或同时采用数种。修改后的支护设计方案实施后，还应继续进行现场监测，评价支护效果和恢复工程的安全程度。对于局部特殊条件，如井壁有断层、破碎带等，需要采取特殊的方法处理。

7.5　试验点支护参数设计

7.5.1　试验点调查和地质力学评估

（1）井筒井壁围岩地质构造

益新矿混合井井筒垮塌部位自三水平标高 −252.8m 以下至 −411.99m（自上向下垂高 159.19m）所在地质构造如图 7.1 所示。

（2）地应力

该矿区没有进行过地应力测试，无法给出地应力大小和方向的具体值。从现有井筒井壁围岩破坏状况分析，最大主应力有可能沿冒落部位。按埋深估算该处岩体自重为 $\sigma_z=\bar{\gamma}gH=-14.6596\mathrm{MPa}$。

（3）环境影响

井筒周围无大的涌水及承压水，无空巷、火区。

（4）粘结强度测试

采用锚杆拉拔计确定树脂锚固剂的粘结强度。该测试工作必须在恢复工程施工之前进行完毕。测试应采用施工中所用的锚杆和树脂药卷，分别在井筒井壁围岩和垮塌空区侧帮设计锚固深度上进行两组拉拔试验。粘结强度满足设计要求。

7.5.2 数值模拟

在岩体力学中，一般是将岩土视为连续介质而赋予不同的本构方程，如弹性、塑性和黏弹性等。但是，本工程支护背景下（井筒冒落区围岩体松动）的部分岩体为较多的节理或结构面所切割，这种情况下井筒井壁垮塌部位周围岩体不能视为连续介质，很难用处理连续介质的有限元、边界元等力学方法来求解，而离散单元法正是一种处理节理岩体的数值方法，所以这里采用离散元数值模拟方法。

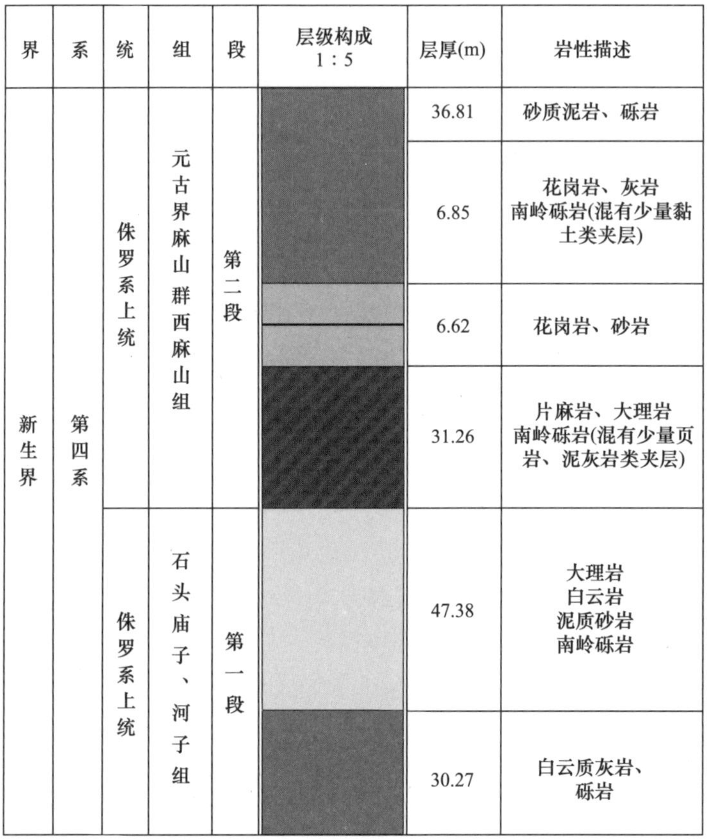

界	系	统	组	段	层级构成 1:5	层厚(m)	岩性描述
新生界	第四系	侏罗系上统	元古界麻山群西麻山组	第二段		36.81	砂质泥岩、砾岩
						6.85	花岗岩、灰岩南岭砾岩(混有少量黏土类夹层)
						6.62	花岗岩、砂岩
						31.26	片麻岩、大理岩南岭砾岩(混有少量页岩、泥灰岩类夹层)
		侏罗系上统	石头庙子、河子组	第一段		47.38	大理岩白云岩泥质砂岩南岭砾岩
						30.27	白云质灰岩、砾岩

图 7.1 井筒井壁围岩地质构造

（1）离散单元法简介

① 离散单元法

离散单元法（Discrete Element Method，简称 DEM）是 20 世纪 70 年代初兴起的一种数值计算方法，特别适用于节理岩体的应力分析，在采矿工程、隧道和大坝工程、边坡工程以及放矿力学等方面都有一定的应用。离散元法最早是由 Cundall. P. A 提出的[50-53]，20世纪 90 年代初由王泳嘉教授引入我国[55]。它特别适用于节理岩体的应力分析，可以模拟块体的大变形，主要用于岩层移动变形的动态过程。

离散单元法也像有限单元法那样，将区域划分成单元。但是，单元因受节理等不连续面的控制，在以后的运动过程中，单元节点可以分离，即一个单元与其邻近单元可以接触，也可以分开。单元之间相互作用的力可以根据力和位移的关系求出，而个别单元的运动则完全根据该单元所受的不平衡力和不平衡力矩的大小按牛顿运动定律确定。离散单元法是一种显式求解的数值方法。在用显式法计算时，所有方程式一侧的量都是已知的，而另一侧的量只用简单的代入法就可求得。这与隐式法不同，隐式法必须求解联立方程组。在用显式法时，假定在每一迭代时步内，每个块体单元仅对其相邻的块体单元产生力的影响，这样，时步就可以取得足够小，以使显式法稳定。由于用显式法时不需要形成矩阵，因此可以考虑大的位移和非线性，而不用花费额外的计算时间。

在解决连续介质力学问题时，除了边界条件外，还有 3 个方程必须满足，即平衡方程、变形协调方程和本构方程。变形协调方程保证介质变形的连续性，对于离散单元法而言，由于介质一开始就被假设为离散的块体集合，故块与块之间没有变形协调的约束，所以不需要满足变形协调方程。本构方程即物理方程，它表征介质应力和应变之间的物理关系。另外，相对于每一块体的平衡方程是该满足的。

② 离散单元法物理方程——力和位移的关系

假定块体之间的法向力 F_n 正比于它们之间位移的"叠合" U_n 即：

$$F_n = K_n U_n \tag{7.1}$$

式中，K_n 为法向刚度系数。

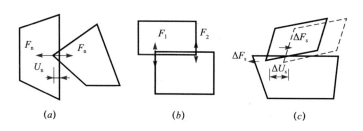

(a)　　　　　　　(b)　　　　　　　(c)

图 7.2　离散单元之间的作用力示意图

如果两个离散单元的边界相互"叠合"，则有两个角点与界面接触，可用界面两端的作用力来代替该界面上的力（图 7.2b）。表示为最为简单的两个角点相接触的"界面叠合"模式。由于块体所受的剪切力与块体运动和加载的历史或途径有关，所以对于剪切力要用

增量 ΔF_s 来表示（图 7.2c）。设两块体之间的相对位移为 ΔU_s，则

$$\Delta F_s = K_s \Delta U_s \tag{7.2}$$

式中，K_s 为节理的剪切刚度系数。

③ 离散元运动方程——牛顿第二运动定律

根据岩块的几何形状及其与邻近岩块的关系，可以计算出作用在某一特定岩块上的一组力，由这一组力不难计算出它们的合力和合力矩，并可以根据牛顿第二定律确定块体质心的加速度和角加速度，进而可以确定在时步 Δt 内的速度和角速度以及位移和转动量。在块体形心上应满足

$$
\begin{aligned}
F_i &= \sum F_i \\
M &= \sum e_{ij} x_i F_j \\
\ddot{u}_i &= F_i / m \\
\ddot{\theta} &= M / I
\end{aligned}
\tag{7.3}
$$

式中，F_i 为某方向的合力；m 为岩块的质量，其重心坐标 (x, y)；I 为岩块绕其重心的转动惯量；M 为岩块的力矩。

④ 离散单元法的计算机实施

离散单元法的计算原理虽然很简单，但在计算机上实施起来却非常复杂，涉及很多问题。主要包括动态松弛法、力和位移的计算循环、分格检索以及数据结构等。动态松弛法是把非线性静力学问题转化为动力学问题求解的一种数值方法。该方法的实质是对临界阻尼的振动方程进行逐步积分。这种带有阻尼项的动态平衡方程，利用有限差分法按时步在计算机上迭代求解就是所谓的动态松弛法。由于被求解的方程是时间的线性函数，整个计算过程只需要直接代换，即利用前一迭代的函数值计算新的函数值，因此，对于非线性问题也能加以考虑，这是动态松弛法的最大优点。在用动态松弛法时，计算循环是以时步 Δt 向前差分进行的。由于时步选取得非常小，每个单元在一个时步内只能以很小的位移与其相邻接的单元作用，而与较远的单元无关系，所以在一个时步内只能传递一个单元。这里讨论的是如何用动态松弛法作力和位移的计算循环（图 7.3）。离散单元法采用动态松弛法求解，其基本运动方程为：

$$m\ddot{u}(t) + c\dot{u}(t) + ku(t) = f(t) \tag{7.4}$$

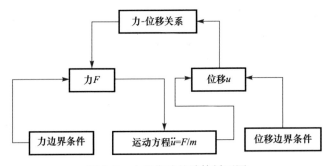

图 7.3　力和位移的计算循环图

　　动态松弛法对上式用中心差分法求解，是一种显式求解，缺点在于计算时步要求很小，且需要合理地确定阻尼系数等。在算法中，假定力在一个时步内只能传递到一个单元，并按力和位移的循环迭代计算。

　　分格检索实际上是块体接触的识别问题，这是离散元法所特有的一个问题。在有限元法和边界元法中，单元之间是固定的。但在离散元法中，允许单元有较大的位移，此时某一块体可与这些块体接触，彼时则该块体可与另外一些块体接触，因此接触点是不固定的。原则上，在离散块体系统中每一块体都有可能与其他任一块体相接触。

　　数据结构分静态和动态两种。静态数据结构是指在一个数据结构存在期间，其结构的特性不变。对于离散元法来讲静态数据结构并不合适，而是采用动态数据结构。所谓动态数据结构是指使用线性链表（一组任意的存贮单元）存放数据元素的一种结构，它可以增加或减少结点。线性链表中的每一个结点除了需要存贮数据元素的值外，还需要有一个能够指示数据元素在表中位置的指针或链信息。因此对于线性链表来说，整个数据结构是由若干个结点组成，而每个结点又是由数据域和指针两部分组成。

　　在离散元中，刚性块体之间是相对独立的，所有的块体组成一个块体集，并人为地进行编号，每一块体可以看成是具有多种属性的实体。不随时步变化的属性包括块体编号、块体所包含的角点个数、块体质量等，随时步变化的属性包括块体的角点数组（存放此时角点的坐标值）、块体的速度、块体的重心坐标值以及该块体与其他块体的接触关系链表等。其中，对接触关系的判断和处理是计算的关键。

　　（2）基于三维离散元数值模拟

　　根据研究需要，数值模拟选择塌落体加固为例，沿塌落体垂直向下。本次锚杆支护初始设计中采用三维离散元数值计算软件 3DEC[185]，进行多方案比较，最后得出合理的锚杆支护初始设计。

　　模拟范围长×宽×高为 20m×15m×55m，模型在深度范围（三水平标高−252.8m 以下至−307.8m）。采用应力边界条件，模型上表面施加均匀的垂直压应力，模型两侧面施加随深度变化的水平压应力，模型下表面垂直位移固定。

　　模拟计算范围岩体以南岭砾岩和大理岩为主（计算模型忽略岩体所夹有的部分泥化夹层），近似看作弹塑性材料，计算采用摩尔-库仑（Mohr-Coulomb）准则：

$$f = \sigma_1 - \sigma_3 \frac{1+\sin\varphi}{1-\sin\varphi} - 2c\sqrt{\frac{1+\sin\varphi}{1-\sin\varphi}} \tag{7.5}$$

式中，σ_1、σ_3 分别为最大和最小主应力；c、φ 分别是材料黏聚力和内摩擦角。

　　根据现场试验提供的资料，模拟范围的南岭砾岩力学参数为：

弹性模量：$E = 4.371 \times 10^4 \text{MPa}$

泊松比：$\upsilon = 0.3$

黏聚力：$c = 21.5 \text{MPa}$

内摩擦角：$\varphi = 31.8°$

单向抗压强度：$\sigma_c = 153.52\text{MPa}$

单向抗拉强度：$\sigma_T = 6.94\text{MPa}$

平均重度：$\gamma = 2.68 \times 10^3 \text{kg/m}^3$

图 7.4 为井筒围岩所研究范围内的地质地层构造的 3DEC 模型图。

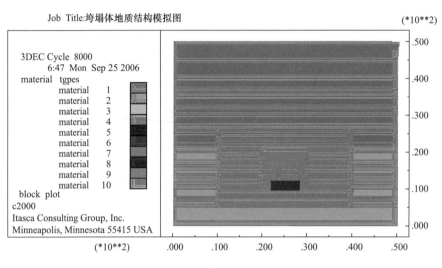

图 7.4　地质地层构造 3DEC 模型图

7.5.3　模拟方案及结果分析与最终方案确定

（1）模拟方案

模拟方案见表 7.3。

锚杆类型及支护方案　　　　　　　　　　　　　　　　　　表 7.3

方案	支护类型
1	无支护
2	锚杆支护，6 根锚杆，锚杆排距 0.8m，ϕ20mm，长 2.2m，每排 3 根锚索，倾斜加固
3	锚杆支护，6 根锚杆，锚杆排距 1.6m，ϕ22mm，长 2.5m，每排 3 根锚索，倾斜加固
4	锚杆支护，6 根锚杆，锚杆排距 1.6m，ϕ22mm，长 2.3m，每排 4 根锚索，倾斜加固
5	锚杆支护，6 根锚杆，锚杆排距 1.0m，ϕ24mm，长 2.4m，每排 4 根锚索，倾斜加固
6	锚杆支护，6 根锚杆，锚杆排距 0.8m，ϕ20mm，长 2.4m，无锚索加固，倾斜加固

（2）模拟结果分析

各个方案的垮塌空区位移和变形状况见图 7.5～图 7.10，由无支护状态下分析图可得，方案 1 条件下，垮塌空区产生显著变形和移动错位，变形不收敛，下沉量达 854mm。模拟得出的最佳选择为方案 3，与方案 1 比较可以看出：垮塌空区变形得到有效控制，变形已收敛，偏移量减为 107mm，说明所采用的支护方案是可行的。

① 锚杆直径对支护效果的影响

比较方案 1、方案 3，锚杆直径 22mm 比较合理。

② 锚杆排距对支护效果的影响

比较方案 1～5，排距设定位 1.6m 是比较经济合理的选择。

③ 锚索的作用

比较方案 3、方案 4、方案 6，塌落体加固过程需布置 4 根锚索。

④ 支护方案确定

通过以上分析可以看出：方案 3 所对应的支护方案最优，因此可确定为塌落体支护初始设计，见图 7.11。

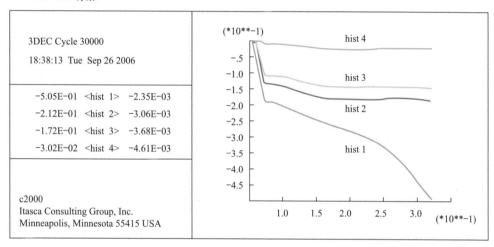

图 7.5　无支护条件下塌落体模拟变形曲线

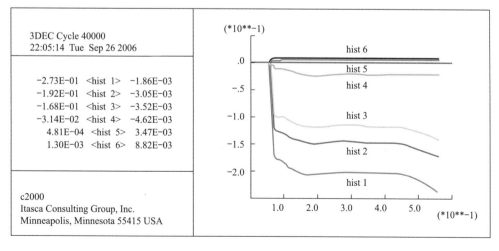

图 7.6　方案 2 塌落体加固后锚杆锚索受力变形曲线

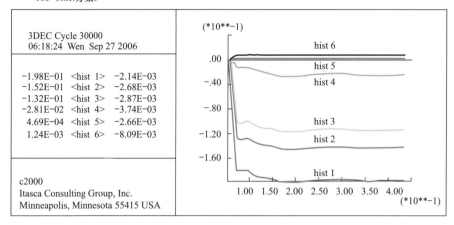

图 7.7　方案 3 塌落体加固后锚杆锚索受力变形曲线

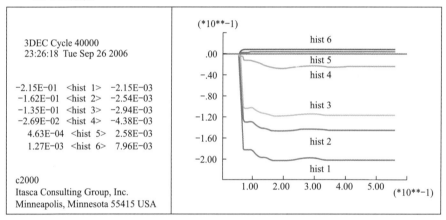

图 7.8　方案 4 塌落体加固后锚杆受力变形曲线

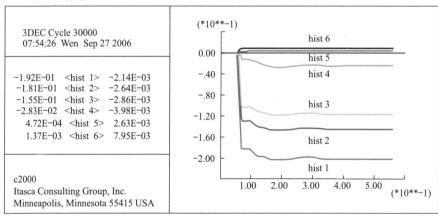

图 7.9　方案 5 塌落体加固后锚杆锚索受力变形曲线

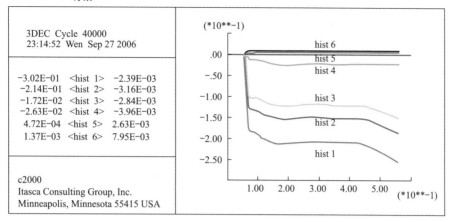

图 7.10　方案 6 塌落体加固后锚杆锚索受力变形曲线

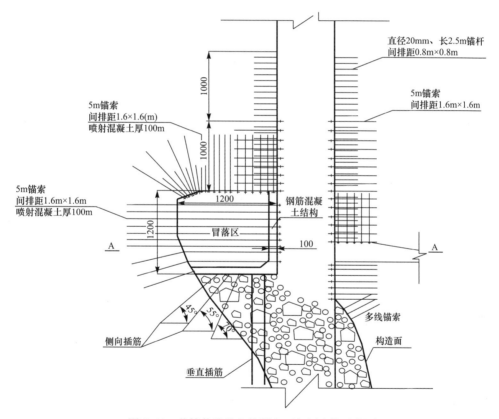

图 7.11　井筒井壁及和垮塌空区加固支护示意图

7.6　锚杆支护井筒井壁围岩监测

井筒井壁围岩及垮塌空区完全恢复后对其加固效果进行观测和监测是本项目的重

要组成部分，也是摸索、掌握特定条件下锚杆支护冒落区井筒井壁围岩的有效手段，因此，恢复工程结束后井筒井壁围岩观测工作得到高度重视。在恢复工程锚杆支护试验过程中，共进行了 4 个项目的全过程观测，历时 150 多天，获得各种观测数据几万个，客观地反映了锚杆支护井筒井壁围岩显现规律，并应用监测反馈信息对支护参数进行了校正。

7.6.1 监测方案

工业试验监测一般分为综合监测和日常监测，前者用于验证和修改初始设计，后者保证恢复井筒的安全状况。

综合监测内容如表 7.4 所列。

恢复工程综合监测内容 表 7.4

序号	项目	内容
1	井筒井壁表面位移	正对两壁相对移近量、垮塌空区顶板下沉量
2	垮塌空区顶板离层	垮塌空区锚固区内外顶板岩层位移
3	锚杆受力	恢复井筒后新旧井筒井壁围岩锚杆受力分布
4	锚索受力	恢复工程部位锚索受力

锚杆支护正常施工后，还要进行日常监测，确保恢复工程的安全状态。日常监测包括两部分内容：锚杆锚固力抽检，锚杆预紧力矩检测。

（1）锚杆锚固力抽检

恢复工程施工完成后，安排专人，按不小于 20％的比例和不大于两天的时间间隔对锚杆锚固力进行抽测。抽测时只做非破坏性拉拔，旧井筒井壁锚杆 100kN，新加固井筒井壁锚杆 60kN，达到上述值后可停止拉拔。

（2）锚杆预紧力矩检测

恢复工程施工完成后，安排专人按不小于 50％的比例和不大于两天的时间间隔，用力矩扳手对锚杆螺母预紧力进行抽测，旧井壁锚杆达 250N·m，新恢复井壁锚杆达到 200N·m，即为合格。

7.6.2 观测站设置

设置 4 个综合恢复工程监测站，测站分布见表 7.5。

恢复工程综合监测站布置情况表 表 7.5

测站			观测内容		
编号	测站位置	设置时间	井筒井壁表面位移	锚杆受力	锚索受力
1	原井筒井壁	2005.07.12	需要观测	需要观测	不需要观测
2	新加固井筒井壁	2005.07.15	需要观测	需要观测	需要观测

测站			观测内容		
编号	测站位置	设置时间	井筒井壁表面位移	锚杆受力	锚索受力
3	垮塌空区顶板离层	2005.07.16	需要观测	需要观测	不需要观测
4	垮塌空区侧帮	2005.07.18	需要观测	需要观测	需要观测

7.6.3　观测仪器及观测方法

（1）井筒井壁表面位移

采用十字布点法安设井筒井壁表面位移监测断面（图 7.12）。在选择观测点位置垂直方向钻 $\phi30mm$、深 400mm 的孔，将 $\phi30mm$、长 450mm 的木桩打入孔中。木桩端部安设弯形测钉和平头测钉。两监测断面沿井筒竖向间隔 2.0～3.0m。

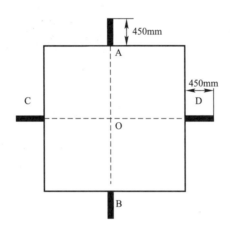

图 7.12　井筒井壁表面位移监测断面布置平面图

（2）观测方法

在 C、D 之间拉紧测绳，A、B 之间拉紧钢卷尺，测读 AO、AB 值；在 A、B 之间拉紧测绳，C、D 之间拉紧钢卷尺，测读 CO、CD 值；测量精度要求达到 1mm，并估计出 0.5mm。

7.6.4　垮塌空区顶板离层

采用我国煤炭科学研究总院北京开采研究所开发出的 LBY-3 型离层指示仪（图 7.13）测试垮塌空区顶板岩层锚固范围内外位移值。LBY-3 型顶板离层指示仪主要特点是结构简单、测读方便、显示直观。主要由基点锚头、测绳、套管、外测筒与内测筒组成。深基点锚头应固定在稳定岩层内，浅基点固定在锚杆端部位置。当锚杆锚固范围内有离层时，顶板（套管）沿外侧筒向下移动，移动量由测筒标尺指示；当锚固范围外顶板离层时，外测筒与顶板相对位置不变，但沿内测筒向下滑动，表明顶板有离层，离层量由内测筒标尺指示；当锚杆锚固范围内、外都有离层时，内外测筒分别有离层显示，其示值之和为总离层值。

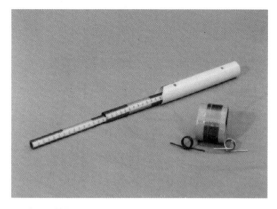

图 7.13 LBY-3 型顶板离层指示仪

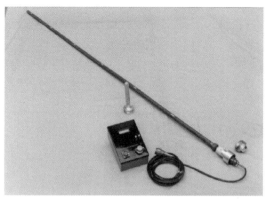

图 7.14 CM-200 型测力锚杆

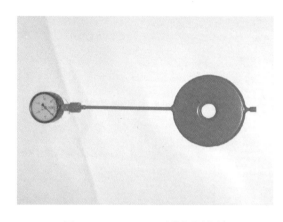

图 7.15 YZS-200 型锚杆测力计

图 7.16 GYS-300 型锚索测力计

7.6.5 锚杆受力

锚杆受力监测有两种形式，一种是用于测量端部锚固锚杆工作阻力的锚杆测力计，另一种是测量加长锚固、全长锚固锚杆受力分布的测力锚杆。

（1）测力锚杆

采用煤炭科学研究总院北京开采所开发的 CM-200 型测力锚杆（图 7.14），该测量仪是本安型井下支护锚杆受力的专用测量仪器。它同普通锚杆一样，安设在（需要测量的）普通锚杆的设计位置上（图 7.17）。该测量仪主要包括测力锚杆、静态电阻应变仪与转换开关。

（2）锚杆测力计

锚杆测力计的种类很多，本次监测采用了煤炭科学研究总院北京开采研究研制的 YZS-200 型锚杆测力计（图 7.15）。该测力计采用液压枕式，载荷直读，无需配套仪器。

锚杆杆体安装完成后，将测力计套入（要注意使液压表向外），调整测力计的位置，使输压管和压力表不接触岩面并方便测读。套入托盘或垫板，拧紧螺母至设计的锚固力，即完成了测力计安装。

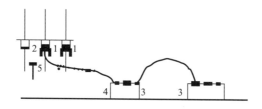

图 7.17　CM-200 型测力锚杆安装和测量示意图

1—测力锚杆；2—普通锚杆；3—静态电阻应变仪；4—多通道转换开关；5—安装搅拌接头

7.6.6　锚索受力

采用最新研制的 GYS-300 型锚索测力计测量锚索工作阻力（图 7.16）。锚索测力计型式为刚体应变式，量程 300kN。

7.6.7　监测结果与分析

以垮塌空区和井筒井壁正对两侧壁选择试验测点为例。试验段位于靠近井筒井壁 5m 和井筒标高＋268m 处，水平压力大较大，变形明显。下面就其观测结果进行分析。

（1）表面位移

从图 7.18 位移观测结果可以看出，井筒井壁围岩活动主要发生在恢复工程完成的 1～7 天，其后位移变形速度趋缓，变形得到控制。从结果看选择测试点 1 垮塌空区顶板下沉量较大，最大顶板下沉值为 140mm，最大井筒井壁正对两侧壁移进量也是 1 测点，为 80mm，表明该恢复工程支护确有难度，但随着时间的推移，井筒井壁围岩位移渐趋稳定。

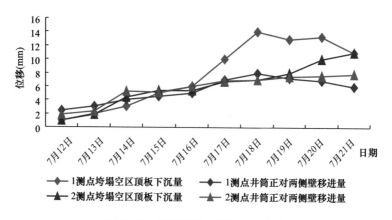

图 7.18　观测点测力锚杆位移变化

（2）垮塌空区顶板离层

从图 7.19 可以看出，对于垮塌空区锚固区内，恢复工程完成的 1～8 天顶板离层变化最大，其中第七天后达到最大值 58mm。之后，锚杆长度外的离层即趋稳定。垮塌空区顶板锚固区变化比较平缓。这表明锚杆长度范围内的垮塌空区顶板离层处于变化之中，自第 5 天后有所加快，可能受到井筒井壁上部加固工程的影响，但最后还是趋于稳定。

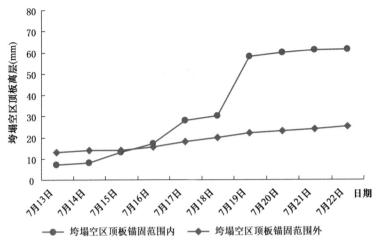

图 7.19　垮塌空区顶板离层观测曲线

7.7　小结

　　本章就益新矿竖井塌落井筒锚注加固技术进行了研究。首先详细介绍了高强度锚杆支护新技术的特点。其次就锚杆支护设计的几种传统方法（工程类比法、理论分析法、数值计算法、工程监测法）分别做了较为详细的阐述。在总结前人工作的基础上提出了能够更好反映井筒井壁围岩垮塌区锚杆加固支护水平的锚杆支护动态信息设计法。该法的特点是将试验点调查和地质力学评估、初始设计、加固点监测和信息反馈、修正设计和日常监测等内容融为一体，即在试验点调查地质力学评估的基础上，采用数值计算和工程类比相结合的方法进行初始设计，然后将初始设计实施于井筒井壁围岩和垮塌空区以下加固部位，并进行详细的井筒井壁围岩位移和锚杆受力监测，根据监测结果来验证或修正初始设计。而且要求正常施工后还要进行日常监测，保证被加固部位安全。

　　根据监测结果可知：

　　（1）锚杆支护方案基本合理，井筒井壁围岩的位移和变形得到有效控制，恢复工程完成后未进行任何维护，就达到了预期目标。

　　（2）锚杆的支护能力已被充分利用，一部分锚杆杆体局部屈服，还有少数锚杆被拉断，支护参数在经济上比较合理。

　　（3）锚索的受力达到其破断力 50％ 左右，还有较高的强度储备，可确保加固工程的安全。

　　（4）垮塌区域锚杆支护的观测结果表明，锚杆加锚索支护，及时有效地控制了井筒井壁围岩的变形和破坏，保证了冒落区域大跨度空间的安全与稳定。

第8章 结 论

本课题来源于煤矿工程第一线——以黑龙江鹤岗矿业集团益新煤矿混合井竖井井筒塌落的井筒加固工程为研究对象，在系统科学思想指导下，运用理论分析、试验监测，并结合 MATLAB、有限元 ANSYS、有限差分 FLAC^{3D}、离散元 3DEC 等多种现代大型数值模拟计算软件进行数值模拟等研究方法，从基础理论和工程实践两方面研究煤矿竖井垮塌井筒的垮塌机理和锚注加固技术，取得了部分富有创新性的成果。

本课题创新点体现在以下五个方面：

（1）复杂的塌落体三维几何模型的建立：结合有限元软件 ANSYS 和有限差分软件 FLAC^{3D}二者的优点，编制了一个基于 ANSYS 界面的 FLAC^{3D}程序，并对岩体的力学状态进行了分析与判断。

（2）结合数值模拟对竖井井筒井壁围岩失稳破裂并垮塌所受渗水裂隙水的作用进行了量纲分析方法的推导与分析。

（3）利用 FLAC^{3D}的二次开发功能通过改进 FLAC^{3D}蠕变模型中的 Burger's 蠕变模型研究了井筒围岩的蠕变特性以及其在井筒垮塌过程中所起的破坏作用。

（4）对益新矿混合竖井井筒垮塌部位井壁围岩所含部分软弱泥化夹层的残余强度进行了支持向量机方法预测。

（5）与工程试验相结合对锚注加固技术方案进行了数值模拟判断。

根据研究的结果可以初步判断引起井筒垮塌的原因如下：

（1）工程地质因素是导致井筒垮塌的最主要的因素。该矿竖井工程地质条件较为复杂，由本矿工程现场所提供的试验资料可知，该竖井井筒垮塌部位围岩夹有少量黏土、粉砂岩、灰岩和泥质砂岩，其残余强度较低，这使得井筒井壁围岩整体稳定性降低。

（2）矿井自 1999 年停产至 2004 年开始重新恢复使用，在这五年之久的时间内缺乏有效保养和防护，围岩长期暴露，岩体稳定性降低，并且井筒井壁围岩局部出现了较为严重的风化现象以及较大的涌水量与淋水量。井筒井壁的断层破碎带分布较广，岩体节理裂隙发育，遇水后易发生膨胀，崩解成泥状，稳定性较差。围岩坚固性系数 $f=1\sim3$。

（3）由于井筒较深，井筒围岩体在较大的垂直和水平构造应力环境中，曾经因卸矿反复受冲击荷载作用使岩体强度降低，同时，在东侧行人通道和井筒井壁交叉处的岩体隅角中有较高的应力集中区，是最终导致井筒围岩体移动变形、塑性破坏和垮塌的内在根源。

（4）井筒断面结构设计的不太合理以及混凝土强度等级低也可能是导致井筒垮塌的原因之一。造成混凝土强度等级低的主要原因是混凝土浇筑过程中，崩解、泥化的围岩不断混入混凝土中，由于模板浇筑口较小，围岩混入混凝土中不易被发现，加之围岩和混凝土二者颜色相近，也很难辨认。围岩的混入严重降低了混凝土的强度等级，进而大大降低了井壁结构的承载能力。

（5）井筒井壁混凝土早期强度可能偏低，其主要原因是施工单位为加快工程进度，在没有添加混凝土早强剂的情况下，提前拆模，使得本身强度较低的混凝土井壁无法为遇水膨胀的围岩提供足够的支护抗力，导致井筒井壁在较大的围岩膨胀压力作用下产生开裂破坏。

以上所列五方面的因素是导致井筒失稳垮塌的最主要因素，可能还有至今仍然没有认识清楚或者未发现的其他复杂因素，当然这种因素是次要因素。对煤矿来说，竖井井筒垮塌是个严重的工程灾害问题，对其进行的研究和探索意义重大。煤矿竖井井筒的垮塌机理十分复杂，对煤矿竖井井筒井壁围岩稳定性的研究是将一项长期课题，特别是对井筒井壁已经出现和可能出现的破坏问题要高度重视和及时防护。在一些特殊的岩土工程事故中，一般情况下理论总是滞后于实践。尤其是对像益新矿竖井井筒大范围塌方问题治理类似的理论研究和认识目前几乎是一个空白。

竖井井筒垮塌机理及锚注加固技术应用研究，是一个非常复杂而又具有实际应用价值的课题，本书在这一方面的研究也只是做了一些尝试性的工作，其中的许多方面尚需要做更多和更深入的研究，相信，通过众多科研人员多年的努力可以使这一研究工作取得更多实效，从而进一步提高我国在煤矿竖井井筒灾害的预防与治理中的水平。同时还应指出，竖井井筒恢复后对其开展变形的现场观测研究，不仅是对今后指导井筒井壁设计、软岩支护以及损坏和失稳垮塌的维修与防护，还是对地下开采引起的井筒破坏，以及井柱的合理留设等问题的研究都有着十分重要的意义。由于井筒贯穿上覆岩层，研究它的变形规律，对于完善岩层移动理论，揭示岩层内部移动规律也是必要的。

附录 A 改进的 Burger's 蠕变模型主程序

```
new
title
set logfile well
set log on
;create a general view of the creep model
;position the command window
mainwin pos 0. 3 0. 63 size 0. 6 0. 35
;create and position a plot window
plot create Well
plot set back white
plot set dis 50
plot set rot 288 329 0
plot set center 5 5 5
plot set cap size 25
plot set window pos 0. 19 0. 02 size 0. 62 0. 61
plot add block group lcyan lred lgreen orange lmagenta white shade on
plot add vol yell yell yell
plot add axes black
plot show
; generate the mesh----------
gen zone radbrick p0 (0,0,0) p1 (20,0,0) p2 (0,30,0) p3 (0,0,20) &
               size 20,30,25,10      ratio 1. 1,1. 2,1. 3,1. 5      dim 2 5 3
fill
pause key     ;    Create the model grid
gen sur brick ver 0 0 0 ver 3. 0 0 0 ver 0 4. 5 0 ver 0 0 5. 0
;               Define well volumes
pause key     ;    This is well volume 1
gen sur brick ver 0 6. 0 0 ver 3. 0 4. 5 0 ver 0 9. 0 0 ver 0 4. 5 5. 0
pause key     ;    This is well volume 2
```

```
gen sur brick ver 0 9. 0 0 ver 3. 0 9. 0 0 ver 0 13. 5 0 ver 0 9. 0 5. 0
pause key        ;    This is well volume 3
gen sur brick ver 0 13. 5 0 ver 3. 0 13. 5 0 ver 0 15. 0 0 ver 0 13. 5 5. 0
pause key        ;    This is well volume 4
plot sub 2
group Soil body lcyan
;                    Give the different groups of the model unique names
pause key        ;    The entire model group is named Soil body
group rock lred range x 0 4 y 0 15 z 0 6    &
                        vol 1    not vol 2 not vol 3 not vol 4 not
pause key        ;    A group around the well is named rock
group Floor lgreen range vol 4
pause key        ;    The bottom of the well is named Floor
group Exc3 orange range vol 3
pause key        ;    The group of volume 3 zones is named Exc3
group Exc2 lmag range vol 2
pause key        ;    The group of volume 2 zones is named Exc2
group Exc1 white range vol 1
pause key        ;    The group of volume 1 zones is named Exc1
;                    Use MODEL NULL to excavate volumes
model null range group Exc1
pause key        ;    Excavate Volume 1
model null range group Exc1        ;swap the comment marker at the
pause key;Excavate Volume 2
model null range group Exc2        ;swap the comment marker at the
;model null range group Exc2        ;start of these two lines
pause key        ;    Excavate Volume 2
model null range group Exc3
pause key        ;    Excavate Volume 3
model null range group Floor
pause key        ;    Excavate Floor
model mo range group Floor
                    ;Place fill in Floor
set log off
```

附录 B 塌落体生成程序部分输出数据

;Begin Node Data：

GEN POINT ID 1 4100 . 000000000046681 2000

GEN POINT ID 2 3531. 9 -2082. 2 2000

GEN POINT ID 3 -2681. 8 3101. 3 2000

GEN POINT ID 4 -4100 4. 7745E-12 2000

GEN POINT ID 5 -2805. 5 2989. 9 0

GEN POINT ID 6 -4100 3. 8654E-12 -14087

GEN POINT ID 7 3531. 9 -2082. 2 1785. 6

GEN POINT ID 8 4100 . 000000000049077 -3030. 6

GEN POINT ID 9 3870 1354 -4614. 9

GEN POINT ID 10 3992. 3 933. 59 -3546. 1

GEN POINT ID 11 4029 -759. 6 -4614. 9

GEN POINT ID 12 4059. 6 -574. 32 -3982. 3

GEN POINT ID 13 3646. 1 1875. 1 -7678. 4

GEN POINT ID 14 3743. 1 1673 -6152. 8

GEN POINT ID 15 3759. 5 -1636 -14088

GEN POINT ID 16 3868. 2 -1359. 2 -9220

GEN POINT ID 17 3358. 8 2351. 2 -14088

GEN POINT ID 18 4100 8. 5681 -3015. 4

GEN POINT ID 19 3912. 5 -1225. 7 -7678. 4

GEN POINT ID 20 4100 5. 1159E-13 -14088

GEN POINT ID 21 4100 -6. 7102E-12 -50000

GEN POINT ID 22 -4100 -4. 9431E-12 -50000

GEN POINT ID 23 -3288. 1 2449. 1 -7310. 7

GEN POINT ID 24 -3771. 1 1609. 1 -9882. 1

GEN POINT ID 25 -3943 1123. 6 -12534

GEN POINT ID 26 1554. 5 -3793. 9 -9882. 1

GEN POINT ID 27 1480. 7 -3823. 3 -10592

GEN POINT ID 28 3281. 9 -2457. 4 0

GEN POINT ID 29 -4039. 4 702. 1 -14087

GEN POINT ID 30 974. 45 -3982. 5 -14087

GEN POINT ID 31 4032. 9 -738. 9 2000

GEN POINT ID 32 3923. 1 -1191. 4 2000

GEN POINT ID 33 3766. 5 -1619. 7 2000

GEN POINT ID 34 3635. 9 -1894. 7 2000

GEN POINT ID 35 3957. 8 1070. 4 2000

GEN POINT ID 36 3431. 3 2244. 2 2000

GEN POINT ID 37 2538. 2 3219. 9 2000

GEN POINT ID 38 1415. 1 3848. 1 2000

GEN POINT ID 39 186. 62 4095. 8 2000

GEN POINT ID 40 -1053. 9 3962. 2 2000

GEN POINT ID 41 3418. 2 -2264 2000

GEN POINT ID 42 3230. 3 -2524. 9 2000

GEN POINT ID 43 2911. 7 -2886. 6 2000

GEN POINT ID 44 2360. 7 -3352. 2 2000

GEN POINT ID 45 1408. 2 -3850. 6 2000

GEN POINT ID 46 -123. 14 -4098. 2 2000

GEN POINT ID 47 -1335. 8 -3876. 3 2000

GEN POINT ID 48 -2414. 6 -3313. 6 2000

GEN POINT ID 49 -3280. 7 -2459 2000

GEN POINT ID 50 -3854 -1398. 7 2000

GEN POINT ID 51 -3805. 1 1526. 9 2000

GEN POINT ID 52 -4100 4.6564E-12 -90. 957

GEN POINT ID 53 -4100 4.5069E-12 -2735. 7

GEN POINT ID 54 -4100 4.3383E-12 -5718. 4

GEN POINT ID 55 -4100 4.1757E-12 -8595. 8

GEN POINT ID 56 -4100 4.0534E-12 -10761

GEN POINT ID 57 -4100 . 000000000003965 -12323

GEN POINT ID 58 -4100 3. 9052E-12 -13382

GEN POINT ID 59 4100 . 000000000047107 1106. 4

GEN POINT ID 60 4100 . 000000000047646 -25. 523

GEN POINT ID 61 4100 . 000000000048125 -1032. 5

GEN POINT ID 62 4100 . 000000000048445 -1704. 3

GEN POINT ID 63 4100 . 000000000048659 -2152. 3

;Node Data End

;Begin Ele Data：

GEN ZONE　TET SIZE 1 1 1 P0 POINT 735 P1 POINT 848 P2 POINT 753 P3 POINT 849

GROUP 1 RANGE ID 1

GEN ZONE　TET SIZE 1 1 1 P0 POINT 78 P1 POINT 735 P2 POINT 850 P3 POINT 848

GROUP 1 RANGE ID 2

GEN ZONE　TET SIZE 1 1 1 P0 POINT 848 P1 POINT 78 P2 POINT 735 P3 POINT 736

GROUP 1 RANGE ID 3

GEN ZONE　TET SIZE 1 1 1 P0 POINT 848 P1 POINT 851 P2 POINT 737 P3 POINT 753

GROUP 1 RANGE ID 4

GEN ZONE　TET SIZE 1 1 1 P0 POINT 848 P1 POINT 737 P2 POINT 736 P3 POINT 753

GROUP 1 RANGE ID 5

GEN ZONE　TET SIZE 1 1 1 P0 POINT 848 P1 POINT 852 P2 POINT 77 P3 POINT 10

GROUP 1 RANGE ID 6

GEN ZONE　TET SIZE 1 1 1 P0 POINT 853 P1 POINT 854 P2 POINT 855 P3 POINT 856

GROUP 1 RANGE ID 7

GEN ZONE　TET SIZE 1 1 1 P0 POINT 853 P1 POINT 857 P2 POINT 854 P3 POINT 856

GROUP 1 RANGE ID 8

GEN ZONE　TET SIZE 1 1 1 P0 POINT 853 P1 POINT 854 P2 POINT 857 P3 POINT 855

GROUP 1 RANGE ID 9

GEN ZONE　TET SIZE 1 1 1 P0 POINT 858 P1 POINT 859 P2 POINT 860 P3 POINT 861

GROUP 1 RANGE ID 10

GEN ZONE　TET SIZE 1 1 1 P0 POINT 857 P1 POINT 862 P2 POINT 856 P3 POINT 853

GROUP 1 RANGE ID 11

GEN ZONE   TET SIZE 1 1 1 P0 POINT 863 P1 POINT 94 P2 POINT 864 P3 POINT 865

GROUP 1 RANGE ID 12

GEN ZONE   TET SIZE 1 1 1 P0 POINT 866 P1 POINT 863 P2 POINT 94 P3 POINT 864

GROUP 1 RANGE ID 13

GEN ZONE   TET SIZE 1 1 1 P0 POINT 867 P1 POINT 584 P2 POINT 868 P3 POINT 869

GROUP 1 RANGE ID 14

GEN ZONE   TET SIZE 1 1 1 P0 POINT 865 P1 POINT 863 P2 POINT 94 P3 POINT 95

GROUP 1 RANGE ID 15

GEN ZONE   TET SIZE 1 1 1 P0 POINT 865 P1 POINT 98 P2 POINT 863 P3 POINT 95

GROUP 1 RANGE ID 16

GEN ZONE   TET SIZE 1 1 1 P0 POINT 870 P1 POINT 871 P2 POINT 872 P3 POINT 873

GROUP 1 RANGE ID 17

GROUP 7 RANGE ID 64178

GEN ZONE   TET SIZE 1 1 1 P0 POINT 10945 P1 POINT 9390 P2 POINT 10946 P3 POINT 10223

GROUP 7 RANGE ID 64179

GEN ZONE   TET SIZE 1 1 1 P0 POINT 10877 P1 POINT 9390 P2 POINT 10410 P3 POINT 10582

GROUP 7 RANGE ID 64180

GEN ZONE   TET SIZE 1 1 1 P0 POINT 10945 P1 POINT 10711 P2 POINT 10494 P3 POINT 9390

GROUP 7 RANGE ID 64181

GEN ZONE   TET SIZE 1 1 1 P0 POINT 9461 P1 POINT 10553 P2 POINT 10494 P3 POINT 10765

GROUP 7 RANGE ID 64182

GEN ZONE   TET SIZE 1 1 1 P0 POINT 9495 P1 POINT 9896 P2 POINT 10831 P3 POINT 10004

GROUP 7 RANGE ID 64183

GEN ZONE   TET SIZE 1 1 1 P0 POINT 10007 P1 POINT 10004 P2 POINT 3110 P3

POINT 3109

GROUP 7 RANGE ID 64184

GEN ZONE　TET SIZE 1 1 1 P0 POINT 3090 P1 POINT 10832 P2 POINT 3109 P3 POINT 10004

GROUP 7 RANGE ID 64185

GEN ZONE　TET SIZE 1 1 1 P0 POINT 10869 P1 POINT 10832 P2 POINT 3100 P3 POINT 3090

GROUP 7 RANGE ID 64186

GEN ZONE　TET SIZE 1 1 1 P0 POINT 10868 P1 POINT 3090 P2 POINT 10004 P3 POINT 10529

;Ele Data End

附录 C 泥化夹层的 SVM 预测主程序

```
function status =svm_learn(options, examples, model)
% SVM_LEARN-Interface to SVM light, learning module
%   STATUS=SVM_LEARN(OPTIONS, EXAMPLES, MODEL)
%   Call the training program 'svm_learn' of the SVM light
%   package.
%   OPTIONS must be a structure generated by SVMLOPT.
%   EXAMPLES is the name of the file containing the training examples
%   (use SVMLWRITE to convert a Matlab matrix to the appropriate format).
%   MODEL is the name of the file holding the trained Support Vector
%   Machine.
%   If 'svm_learn' is not on the path, OPTIONS must contain a field
%   'ExecPath' with the path of the executable.
%   STATUS is the error code returned by SVM light (0 if everything went fine)
%   See also SVMLOPT, SVMLWRITE, SVM_CLASSIFY, SVMLREAD
% This program is released unter the GNU General Public License.
% error(nargchk(3, 3, nargin));
% check parameter consistency for kernels
if ~isempty(options. Kernel),
    if (options. Kernel~=0) & isempty(options. KernelParam),
      error(sprintf('The chosen Kernel=%i requires parameters, but none are given in
KernelParam',…
                      options. Kernel));
    end
parlen=length(options. KernelParam);
isString=isa(options. KernelParam, 'char');
switch options. Kernel
    case {1, 2}
      if is String | (parlen~=1),
        error(sprintf('The chosen Kernel=%i requires a scalar parameter',…
```

```
                            options. Kernel));
        end
    case 3
        if is String | (parlen~=2),
            error(sprintf('The chosen Kernel=%i requires 2 scalar parameters',…
                                options. Kernel));
        end
    case 4,
        if ~is String,
            error(sprintf('The chosen Kernel=%i requires a string parameter', ...
                                options. Kernel));
        end
    end
end


if ~isempty(options. NewVariables),
    if isempty(options. MaximumQP),
        maxval=10;
    else
        maxval=options. MaximumQP;
    end
    if options. NewVariables>maxval,
        error('Option "NewVariables" must be smaller than 10 resp. value of Maximu-
mQP');
    end
end


Names =fieldnames(options);
[m,n]=size(Names);

s='';
for i=1:m,
    field=Names{i,:};
    value=getfield(options, field);
    switch field,
```

```
case 'Verbosity'
    s＝stroption(s,'-v %i', value);
case 'Regression'
    if ～isempty(value),
        if value＝＝0,
            s＝[s ' -z c'];
        else
            s＝[s ' -z r'];
        end
    end
case 'C'
    s ＝stroption(s, '-c %.10g', value);
case 'TubeWidth'
    s ＝stroption(s, '-w %.10g', value);
case 'CostFactor'
    s ＝stroption(s, '-j %.10g', value);
case 'Biased'
    s ＝stroption(s, '-b %i', value);
case 'RemoveIncons'
    s ＝stroption(s, '-i %i', value);
case 'ComputeLOO'
    s ＝stroption(s, '-x %i', value);
case 'XialphaRho'
    s ＝stroption(s, '-o %.10g', value);
case 'XialphaDepth'
    s ＝stroption(s, '-k %.10g', value);
case 'TransPosFrac'
    s ＝stroption(s, '-p %.10g', value);
case 'Kernel'
    s ＝stroption(s, '-t %i', value);
case 'KernelParam'
    if ～isempty(value),
        switch options. Kernel
            case 0
            case 1
```

```
                s =stroption(s, '-d %. 10g', value(1));
            case 2
                s =stroption(s, '-g %. 10g', value(1));
            case 3
                s =stroption(s, '-s %. 10g -r %. 10g', value(1), value(2));
            case 4
                s =stroption(s, '-u "%s"', value);
        end
    end
    case 'MaximumQP'
        s =stroption(s, '-q %i', value);
    case 'NewVariables'
        s =stroption(s, '-n %i', value);
    case 'CacheSize'
        s =stroption(s, '-m %i', value);
    case 'EpsTermin'
        s =stroption(s, '-e %. 10g', value);
    case 'ShrinkIter'
        s =stroption(s, '-h %i', value);
    case 'ShrinkCheck'
        s =stroption(s, '-f %i', value);
    case 'TransLabelFile'
        s =stroption(s, '-l %s', value);
    case 'AlphaFile'
        s =stroption(s, '-a %s', value);
    end
end


evalstr=[fullfile(options. ExecPath, 'svm_learn') s "…
            examples "model];
fprintf('\nCalling SVMlight:\n%s\n\n', evalstr);
ifisunix,
    status=unix(evalstr);
else
    status=dos(evalstr);
```

end


```
function s =stroption(s, formatstr, value, varargin)
% STROPTION-Add a new option to string
%

if ~isempty(value),
    s=[s "sprintf(formatstr, value,varargin{:})];
end
```

附录 D 井筒三维数值计算模型图

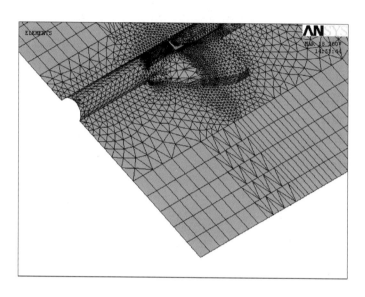

图 D.1 三维计算模型网格中间层剖视图

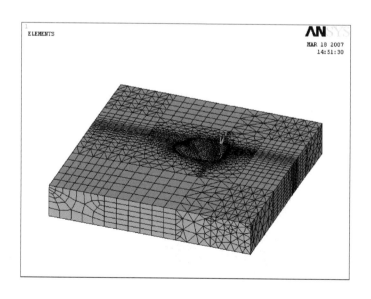

图 D.2 三维计算模型网格局部放大剖视图（一）

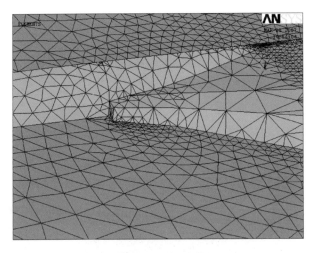

图 D.3　三维计算模型网格局部放大剖视图（二）

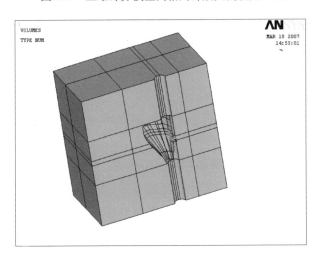

图 D.4　三维计算模型细节网格剖视图

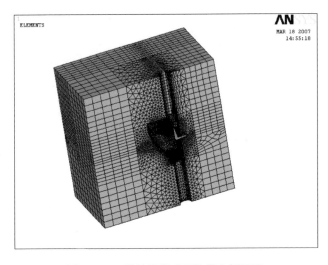

图 D.5　三维计算模型网格横向剖视图

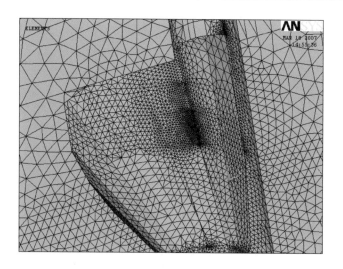

图 D. 6　三维计算模型网格局部放大剖视图

附录 E 鉴定证书图片

成果 登记	登记号	
	批准日期	

科学技术成果鉴定证书

中煤协会鉴字〔2011〕第J51号

成 果 名 称：立井井筒特大塌方机理分析

及加固治理关键技术研究

完 成 单 位：北京科技大学

黑龙江龙煤矿业集团有限公司

鹤岗分公司矿井建设安装工程处

鉴 定 形 式：会议鉴定

组织鉴定单位：中国煤炭工业协会 （盖章）

鉴 定 日 期：2011 年 01 月 25 日

鉴定批准日期：2011 年 01 月 30 日

国家科学技术委员会

一九九四年制

鉴　定　意　见

2011 年 01 月 25 日，中国煤炭工业协会在北京组织召开了"立井井筒特大塌方机理分析及加固治理关键技术研究"科技成果鉴定会，鉴定委员听取了课题组所做的技术研究报告，审阅了相关技术资料。经质询和讨论，形成如下鉴定意见：

1、提供的技术资料齐全，数据翔实，符合科技成果鉴定要求。

2、项目针对益新煤矿混合井特大塌方后的恢复问题，提出了以加固塌落体为基础，采用上向逆作、下向正作的加固恢复方案，取得了局部加固整体稳定、一次加固长久稳定的加固效果，避免了井筒报废重建的后果，为益新煤矿的生产恢复节约了资金、赢得了时间。

3、项目结合现场条件，采用"非套管成孔技术"实现了在松散体上直接成孔，采用"双泵双液注浆技术"实现了对浆液扩散范围的有效控制(浆液的扩散范围小于 1m，凝胶时间小于 30s)，奠定了该项目取得成功的工艺基础。

4、采用锚固箱体结构对塌方井筒恢复再造，工程施工方便，成本低，效果显著，在国内外类似工程属首创。

5、开发了基于 ANSYS 模型的 $FLAC^{3D}$ 塌落体建模软件，实现了实时设计与计算。运用量纲分析方法，确定了井筒垮塌前后侧压系数，该系数对设计参数的最终选定起到了指导作用。

综上所述，该项目成果具有创新性和先进性，具有国际领先水平。

建议：在类似工程条件加大推广力度。

鉴定委员会主任：王长生

2011 年 1 月 25 日

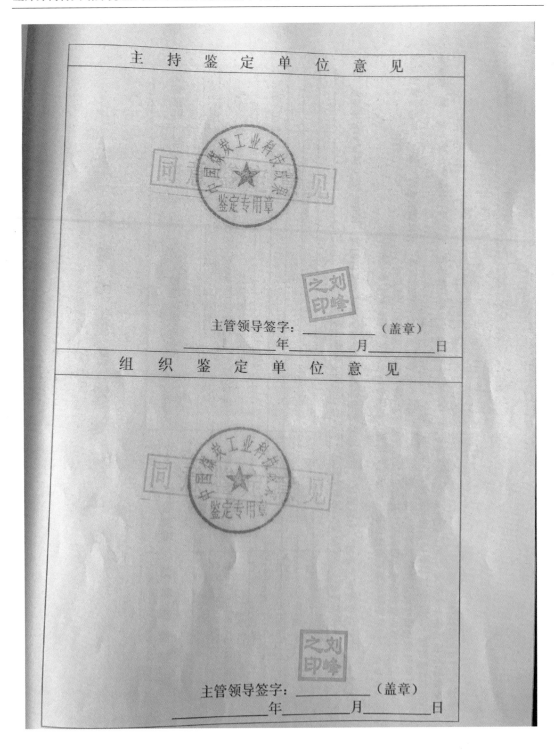

主 持 鉴 定 单 位 意 见

主管领导签字：＿＿＿＿＿＿（盖章）

＿＿＿＿＿年＿＿＿月＿＿＿日

组 织 鉴 定 单 位 意 见

主管领导签字：＿＿＿＿＿＿（盖章）

＿＿＿＿＿年＿＿＿月＿＿＿日

科技成果完成单位情况

序号	完成单位名称	邮政编码	所在省市代码	详细通信地址	隶属省部	隶属单位
1	北京科技大学	100083	911	北京市海淀区学院路30号北京科技大学	教育部	2
2	黑龙江龙煤矿业集团有限公司鹤岗分公司矿井建设安装工程处	154100	923	黑龙江龙煤矿业集团有限公司鹤岗分公司矿井建设安装工程处	黑龙江省	3
3						
4						
5						
6						
7						

注：1.完成单位序号超过8个可加附页，其顺序必须与鉴定证书封面上的顺序完全一致。

2.完成单位名称必须填写全称，不得简化，与单位公章完全一致，并填入完成和名称的第一栏中。其下属机构名称则填入第

栏中。

3.所在省市代码由组织鉴定单位按省、自治区、直辖市、直辖市和国务院部门及其他机构名称代码填写。

4.详细通信地址要写明省（自治区、直辖市）、市（地区）、县（区）、街道和门牌号码。

5.隶属省部是指本单位和行政隶属关系的行政隶属关系哪一个省、自治区、直辖市或直辖市或国务院部门主管。并将其名称填入表中。如果本单位有

方部门双重隶属关系，请按主要的隶属关系填写。隶属主要是指本单位有

6.单位隶属性质是指本单位在 1.独立科研机构　2.大专院校　3.工矿企业　4.集体或个体企业　5.其他五类性质中属于那一类，并在本

中选填 1.2.3.4.5 即可。

8

参 考 文 献

[1] Selvadural A P S. Elsevier Analysis of Soil-Foundation Interaction ［M］. New York：Elsevier Scientific Publishing，1979.

[2] Slater R A C. Engineering Plasticity ［M］. New York：The Macmillan Press Led，1977.

[3] Timoshenko S, GooDier J N. Theory of Elasticity (3rd ed)［M］. New York：McGraw-Hill，1970.

[4] International Society for Rock Mechanics. Rock anchorage testing ［J］. Int. J. Rock Mech. Min. Sci. & Geomech. Abstr. 1985 (22)，pp：73-78.

[5] Robert M. Keorner. Construction and Geotechnical Methods in Foundation Engineering ［M］. New York：McGraw-Hill Publishing Company，1984.

[6] 柴登榜. 矿井地质工作手册（上、下册）［M］. 北京：煤炭工业出版社，1986.

[7] Bruce D. A. The stabilization of concrete dams by post-tensioned rock anchorages：The State of American practice. In Geotechnical Practice in Dam Rehabiliation，Raleigh，NC，U. S. A. Geotechnical Special Publication，ASCE. 1993 (35)：320-332.

[8] James A, Hyatt, Peter M. Jacobs. Distribution and morphology of sinkholes triggered by flooding following Tropical Storm Alberto at Albany，Georgia，USA ［J］. Geomorghology，1996 (17)：305-316.

[9] Yao Zhishu, Yang Junjie, Sun Wenruo. Experimental study on sliding shaft lining mechanical mechanisms under ground subsidence conditions ［J］. Journal of Coal Science and Engineering，2003，9 (1)：95-99.

[10] 姜玉松. 皖北地区井筒破裂的地质构造分析及预测 ［J］. 建井技术，1997，18 (2)：31-33.

[11] Rejeb A, Bruel D. Hydromechanical effects of shaft：sinking at the Sella fields site ［J］. International Journal of Rock Mechanics and Mining Science，2001，38 (1)：17-29.

[12] Srinath L S. Advanced Mechanics of Solids ［M］. New Delhi：McGraw-Hill Publishing Company Limited，1980.

[13] 王钧，黄尚瑶，黄歌山等. 中国地温分布的基本特征 ［M］. 北京：地震出版社，1990.

[14] 崔广心. 特殊地层条件竖井井壁破裂机理 ［J］. 建井技术，1998，19 (2)：29-32.

[15] 经来旺，刘飞，高全臣等. 表土沉降阶段煤矿竖井井壁破裂应力分析 ［J］. 岩石力学与工程学报，2004，23 (19)：3274-3280.

[16] 经来旺，高全臣，刘飞等. 深竖井井壁破裂的力学机理及破裂预测研究 ［J］. 工程力学，2006，23 (3)：156-161.

[17] 周华强. 巷道支护——限制与稳定作用理论及其应用 ［M］. 徐州：中国矿业大学出版社，2004.

[18] 毕思文. 徐淮地区煤矿竖井变形破坏机理及防治对策的研究 ［J］. 建井技术，1996，17 (3)：26-29.

[19] 陈佩佩，许延春. 基于人工神经网络技术的井筒破坏预计 ［J］. 矿业安全与环保，2005，10

(6)：10.

[20] 刘向君，叶仲斌，陈一健. 岩石弱面结构对井壁稳定性的影响 [J]. 天然气工业，2002，22 (2)：41-42.

[21] 琚宜文，刘宏伟，王桂梁等. 卸压套壁法加固井壁的力学机理与工程应用 [J]. 岩石力学与工程学报，2003，22 (5)：773-777.

[22] 洪伯潜. 约束混凝土结构在井筒支护中的研究和应用 [J]. 煤炭学报，2000，25 (2)：150-154.

[23] 李先炜. 岩块力学性质 [M]. 北京：煤炭工业出版社，1983.

[24] 周建华，周根明. 主溜井垮塌分析与研究 [J]. 有色矿山，1998，30 (1)：9-13.

[25] 崔广心. 特殊地层条件竖井井壁破裂机理 [J]. 建井技术，1998，19 (2)：29-32.

[26] 陈仲颐，叶书麟. 基础工程学 [M]. 北京：中国建筑工业出版社，1991.

[27] D. S. Kim, H. W. Kim, W. C. Kim. Parametric study on the impact-echo method using mock-up shafts [J]. NDT&E International，2002 (35)：595-608.

[28] M. M. Khan, G. J. Krige. Evaluation of the structural integrity of aging mine shafts [J]. Engineering Structures，2002 (24)：901-907.

[29] G. Bruneau, D. B. Tyler, J. Hadjigeorgiou, Y. Potvin. Influence of faulting on a mine shaft-a case study：part I-Background and instrumentation [J]. International Journal of Rock Mechanics & Mining Sciences，2003 (40)：95-111.

[30] G. Bruneau, D. B. Tyler, J. Hadjigeorgiou, Y. Potvin. Influence of faulting on a mine shaft-a case study：part Ⅱ-Numerical modelling [J]. International Journal of Rock Mechanics & Mining Sciences，2003 (40)：113-125.

[31] Min-Yung Chang, Jeng-Keag Chen. Chih-Yung Chang, A simple spinning laminated composite shaft model [J]. International Journal of Solids and Structures，2004 (41)：637-662.

[32] H. B. H. Gubran. Dynamics of hybrid shafts [J]. Mechanics Research Communications，2005 (32)：368-374.

[33] 剑万禧，魏善斌，臧德胜. 竖井井壁应力的套筒致裂测试及其分析 [J]. 岩土工程学报，1995，17 (1)：61-65.

[34] 刘中江. 采用注浆治理破裂井筒 [J]. 煤炭科学技术，1995，27 (5)：6-9.

[35] 李定龙，周治安，邹海. 井筒变形特征的试验研究 [J]. 岩土工程学报，1997，19 (5)：95-99.

[36] 徐日庆，龚晓南，王明洋等. 黏弹性本构模型的识别与变形预报 [J]. 水利学报，1998，4：75-80.

[37] 谢洪彬. 竖井井筒基岩段井壁破坏原因分析 [J]. 煤炭科学技术，2000，28 (4)：50-51.

[38] 独知行，靳奉祥，吴庆忠. 矿山井筒变形的数学模型及应用 [J]. 中国有色金属学报，2000，10 (4)：604-608.

[39] 郑静，王晶玫. 井筒流态不稳定条件下数模井底压力拟合的必要性 [J]. 天然气勘探与开发，2003，26 (2)：56-64.

[40] 孙文若. 特殊地层条件下井壁破坏的防治技术综述 [C]. 王传久等. 矿井建设技术论文集第3集（苏鲁皖冀彭四省一市建井学术会议）. 重庆：重庆大学出版社，1997：44-49.

[41] 汪仁和，李栋伟，王秀喜. 井筒开挖下非线性冻结壁的应力场和位移场计算 [J]. 上海交通大学

学报，2005，39（11）：1862-1865.

[42] J. -A. Wang, H. D. Park, Y. T. Gao. A new technique for repairing and controlling large-scale collapse the main transportation shaft, Chengchao iron mine, China [J]. International Journal of Rock Mechanics & Mining Sciences，2003（40），553-563.

[43] 经来旺，李华龙. 温度变化对井壁强度的影响 [J]. 煤炭学报，2000，25（1）：40-47.

[44] 经来旺. 冻结立井（表土段）破裂危险深度确定 [J]. 煤炭科学技术，2002，30（10）：43-46.

[45] 刘鸿文. 材料力学 [M]. 北京：高等教育出版社，1983.

[46] 张农. 巷道滞后注浆围岩控制理论与实践 [M]. 徐州：中国矿业大学出版社，2004.

[47] 徐秉业，刘信声. 应用弹性力学 [M]. 北京：清华大学出版社，2002.

[48] 何满潮，袁和生，靖洪文等. 中国煤矿锚杆支护理论与实践 [M]. 北京：科学出版社，2004.

[49] 李世平. 岩石力学简明教程 [M]. 徐州：中国矿业大学出版社，1986.

[50] Cundall P. A., A computer model for simulating progressive large scale movement in blocky rock systems [A]. In：Proceedings of Symp. Int. Society of Rock Mechanics [C]. Nancy, France：[s. n.]，1971，8-18.

[51] Cundall P. A. Strack O D L. The distinct element method as a tool for research In granular media [A]. In：Part II Report to the National Science Foundation [C]. Minnesota：University of Minnesota，1978，36-46.

[52] Cundall P. A. Strack O D L. A discrete numerical model granular assembles [J]. Geotechnique，1979，29（1）：47-65.

[53] Cundall P. A. Formulation of three-dimensional distinct element model，Part I，A scheme to detect and represent contact in system composed of many polyhedral blocks [J]. Int J Rock Mech Min Sci &Geomech Abstr，1988，25（3）：107-116.

[54] Shi G H. Discontinuous deformation analysis-a new numerical model for the static and dynamic of block systems [Ph. D Thesis][D]. Berkeley：Department of Civil Engineering, University of California at Berkeley，1988.

[55] 王泳嘉，邢纪波. 离散单元法及其在岩土力学中的应用 [M]. 沈阳：东北工学院出版社，1991.

[56] 李世海，汪远年. 三维离散元土石混合体随机计算模型及单向加载试验数值模拟 [J]. 岩土工程学报，2004，Vol. 26（2）：172-177.

[57] Shihai Li, Manhong Zhao, Yuannian Wang, et al. A New Computational Model of Three-Dimensional DEM -Block and Particle Model [J]. International Journal of Rock Mechanics & Mining Sciences，2004，41（3）：436.

[58] 焦玉勇，葛修润，谷先荣. 三维离散单元法中地下水及锚杆的模拟 [J]. 岩石力学与工程学报，1999，Vol. 18（1）：6-11.

[59] 陈文胜，王桂尧，刘辉等. 岩石力学离散单元计算方法中的若干问题探讨 [J]. 岩石力学与工程学报，2005，Vol. 24（9）：1639-1644.

[60] 冯夏庭，MasayukiKosugi，王泳嘉. 岩石节理力学参数的非线性估计 [J]. 岩土工程学报，1999，Vol. 21（3）：268-272.

[61] Vapnik V N. The Nature of Statistical Learning Theory [M]. NewYork：Springer-Verlag，1995,

126-178.

[62] Vladimir N. Vapnik（美）著，张学工译. 统计学习理论的本质 [M]. 北京：清华大学出版社，2000.

[63] Nello Cristianini, John Shawe-Taylor（美）著，李国正等译. 支持向量机导论 [M]. 北京：电子工业出版社，2004.

[64] 马选荣，高效伟. 岩土工程中的反分析 [J]. 力学与实践，1994，17（1）：46-49.

[65] ASurges C J C. A tutorial on support vector machines for pattern recognition [J]. Data Mining and Knowledge Discovery，1998，2（2）：124-164.

[66] Amari S，Wu S. Improving support vector machine classifiers by modifying kernel functions [J]. Neural Networks，1999，12（6）：783-789.

[67] Fang yuan，Ruey Long Cheu. Incident detection using support vector machines [J]. Transportation Research Part C，2003（11）：309-328.

[68] Harris Drucker，ASehzad Shahrary，David C. GiAsAson. Support vector machines：relevance feedAsack and information retrieval [J]. Information Processing and Management 2002（38）：305-323.

[69] 赵洪波，冯夏庭. 非线性位移时间序列预测的进化-支持向量机方法及应用 [J]. 岩土工程学报，2003，25（4）：468-471.

[70] 刘隽，周涛，周佩玲. GA 优化支持向量机用于混沌时间序列预测 [J]. 中国科学技术大学学报，2005，35（2）：258-263.

[71] 韩力群. 人工神经网络理论、设计及应用 [M]. 北京：化学工业出版社，2002.

[72] ASing Dong，Cheng Cao，Siew Eang Lee. Applying support vector machines to predict Asuilding energy consumption in tropical region [J]. Energy and ASuildings，2005（37）：545-553.

[73] 边肇祺，张学工等. 模式识别（第二版）[M]. 北京：清华大学出版社，2000：284-304.

[74] Bottou L，Cortes C，Denker J et al. Comparison of classifier methods：A case study in handwritten digit recoginiton [A]. In：12th IAPR [C]，IEEE Computer Society Press，Los Alamos，California，1994：77-83.

[75] Fletcher R. Practical methods of optimization [M]（2nd edition）. New York：John Wiley and Sons Inc，1987.

[76] Platt J. Sequential minimal optimization：A fast algorithm for training support vector machines [A]. In：Advances in Kernel Methods-Support Vector learning [C]. Massachusetts：The MIT Press，1999：185-208.

[77] Burges CJC. A Tutorial on Support Vector Machines for Pattern Recognition. Data Mining and Knowledge Discovery [J]. 1998，2（2）：124-164.

[78] 柳回春，马树元. 支持向量机的研究现状 [J]. 中国图像图形学报，2002，Vol. 7（6）：618-623.

[79] SAKURAIS. Study on rock mechanics—Review of the study in Kobe University [J]. 世界隧道，1999（2）：1-7.

[80] S. K. Shevade, S. S. Keerthi, C. Bhattacharyya, and K. R. K. Murthy. Improvements to the SMO Algorithm for SVM [J]. Regression. IEEE TRANSACTIONS ON NEURAL NET-

WORKS. 2000，11 (5) 1188-1193.

[81] S. Raudys. How good are support vector machines [J]. Neural Networks. 2000. 13：17-19.

[82] 冯夏庭，赵洪波. 岩爆预测的支持向量机 [J]. 东北大学学报（自然科学版），2002. 23 (1)：57-59.

[83] CortesC，VapnicV. Support-vector networks. Machine Learning，1995，20 (3)：273-297.

[84] 张磊，林福宗，张钹. 基于支持向量机的相关反馈图像检索算法 [J]. 清华大学学报（自然科学版），2002，42 (1)：80-83.

[85] Osuna E. Applying SVMs to face detection [J]. IEEE Intelligent Systems，1998. 13 (4)：23-26.

[86] ChapelleO，HaffnerP，VapnikV. Support vector machines forhistogram-based image classification [J]. IEEE Trans on neural networks，1999. 10 (5)：1057-1064.

[87] Collobert R，Bengio S. SVMTorch. A support vector machine for large-scale regression and classification problems [J]. Journal of Machine Learning Research，2001，1：143-160.

[88] Bennett K，Campbell C. Support vector machines：hype or hallelujah [J]. SIGKDD Explorations，2000. 2 (2)：113.

[89] 张铃. 支持向量机理论与基于规划的神经网络学习算法 [J]. 计算机学报，2001. 24 (2)：113-118.

[90] 王定成，方廷健，高理富等. 支持向量机回归在线建模及应用 [J]. 控制与决策，2003，18 (1)：92-95.

[91] 刘江华，程君实，陈佳品. 支持向量机训练算法综述 [J]. 信息与控制，2002，31 (1)：46-50.

[92] Colin C. Algorithmic Approaches to Training Support Vector Machines：A Survey [J].. Proceedings of ESANN 2000 (D-Facto Publications，Belgium)，2000：27-36.

[93] 朱永生，张优云. 支持向量机分类器中几个问题的研究 [J]. 计算机工程与应用，2003，(13)：36-38.

[94] 袁亚湘，孙文瑜. 最优化理论与方法 [M]. 北京：科学出版社，1999.

[95] Suykens J A K，J Vandewalle. Least squares support vector machine classifiers [J]. Neural Processing Letters，1999. 9 (3)：293-300.

[96] Smola A，Sch lkopf B，Muller K. Connection between regularization operators and support vector kernels [J]. Neural Networks，1998. 11 (4)：637-649.

[97] 张文生，王珏，戴国忠. 支持向量机引入后验概率的理论和方法研究 [J]. 计算机研究与发展，2002，39 (4)：392-397.

[98] 张浩然，韩正之，李昌刚. 基于支持向量机的非线性系统辨识 [J]. 系统仿真学报，2003，15 (1)：119-121.

[99] 孙健，申瑞民，张同珍等. 基于支持向量机算法的智能学习推荐器的设计及实现 [J]. 计算机工程，2002，28 (11)：256-258.

[100] 王志明，蔡莲红，艾海周. 基于支持向量回归的唇动参数预测 [J]. 计算机研究与发展，2003，40 (11)：1561-1565.

[101] 杨林德等. 岩土工程问题的反演理论与工程实践 [M]. 北京：科学出版社，1996.

[102] 汤小礼. 线性与非线性破坏准则下岩土极限分析方法及其应用 [D]. 中南大学博士学位论文，

长沙. 2002.

[103] 马志江，陈汉林，杨树锋. 基于支持向量机理论的滑坡灾害预测——以浙江庆元地区为例 [J]. 浙江大学学报（理学版），2003. 30（5）：592-596.

[104] 王芝银，杨志法，王思敬. 岩石力学位移反演分析回顾及进展 [J]. 力学进展. 1998，28（4）：488-498.

[105] 张治强，冯夏庭，杨成祥等. 非线性位移时间序列分析的遗传-神经网络方法 [J]. 东北大学学报，1999，20（4）：422-425.

[106] 孙均，蒋树屏，袁勇等. 岩土力学反演问题的随机理论与方法 [M]. 汕头：汕头大学出版社，1996.

[107] 孙均等. 岩石力学参数弹塑性反演问题的优化问题 [J]. 岩石力学与工程学报，1992，11（3）：221-229.

[108] 陆有忠，杨有贞，张会林. 边坡工程可靠性的支持向量机估计 [J]. 岩石力学与工程学报，2005，24（1）：149-153.

[109] 芮勇勤. 蠕动边坡稳定性及其变形、失稳的预测与控制 [D]. 徐州：中国矿业大学博士学位论文，1998.

[110] 蒋斌松，蔡美峰，贺永年等. 深部岩体非线性 Kelvin 蠕变变形的混沌行为 [J]. 岩石力学与工程学报，2006，25（9）：1862-1867.

[111] 蔡美峰. 岩石力学与工程 [M]. 北京：科学出版社，2002.

[112] 谢衷洁. 时间序列分析 [M]. 北京：北京大学出版社，1990：118-176.

[113] 高玮. 岩土工程反分析的计算智能研究 [D]. 重庆：后勤工程学院博士学位论文，2001.

[114] 恭怀云，寿纪麟，王绵森. 应用泛函分析 [M]. 西安：西安交通大学出版社，1985.

[115] 李庆扬，王能超，易大义. 数值分析（第四版）[M]. 北京：清华大学出版社，施普林格出版社，2001.

[116] 盛骤，谢式千，潘承毅. 概率论与数理统计（第三版）[M]. 北京：高等教育出版社，2001.

[117] 钟万勰，程耿东. 中国计算力学的回顾和展望//现代力学与科技进步 [C]. 北京：清华大学出版社，1997. 114-118.

[118] 杨志法，刘竹华. 位移反分析在地下工程设计中的初步应用 [J]. 地下工程，1981，（2）：20-24.

[119] 杨志法等. 有限元法图谱 [M]. 北京：科学出版社，1988.

[120] Thomas Szirtes, Applied dimensional analysis and modelling [M], McGraw-Hill.

[121] 陈惠发，A. F. 萨里普（美）著，余天庆，王勋文译. 土木工程材料的本构方程（第一 & 二卷：弹性 & 塑性与建模）[M]. 武汉：华中科技大学出版社，2001.

[122] 郑颖人等. 岩土力学与工程进展 [M]. 重庆：重庆出版社，2003.

[123] Alex J. Smola, Bernhard Schoelkopf. A Tutorial on Support Vector Regression. NeuroCOLT2 Technical Report Series [J]. NC2-TR-1998030, October, 1998.

[124] Joachims T. Making large-scale SVM Learning Practical [R]. LS8-Report, 24, University Dortmund, LS VIII-Report, 1998。

[125] Amari S, Wu S. Improving support vector machine classifiers by modifying kernel functions [J]. Neural Networks，1999，12（6）：783-789.

[126] Branson K. A naive Bayes classifier using transductive inference for text classification. 2001. http://www-cse.ucsd.edu/.

[127] Joachims T. Transductive inference for text classification using support vector machines [A]. In: Proceedings of the 16th International Conference on Machine Learning (ICML). San Francisco: Morgan Kaufmann Publishers, 1999. 200-209.

[128] Mikhail Kanevski, Patrick Wong, Stephance Canu. Environmental data mapping with support vector regression and geostatistics [R]. IDIAP-RR-00-10, June, 2000.

[129] Pradeep U. Kurup and Nitin K. Dudani. Neural Networks for Profiling Stress History of Clays from PCPT Data [J]. ASCE. Journal of Geotechnical and Geoenvironmental Engineering, 2002, 128 (7): 569-579.

[130] 陆有忠，杨有贞，郑璐石. 浅析传统塑性位势理论与广义塑性位势理论 [J]. 岩土力学，2003，24 (S2): 207-211.

[131] 陆有忠. $\int_{x_0}^{x_1} F(x, y, y', y'', y''') \mathrm{d}x$ 型泛函的可动边界问题 [J]. 固原师专学报. 2003, 24 (6): 38-40.

[132] Kenney T C. In: Proc Geotech, Conference OSLO [A]. 1967.

[133] Kanji M K. Geotecnique [M]. 1974, 24 (4): 7-12.

[134] 李青云，王幼麟. 第二次全国岩石力学与工程学术会议论文集 [C]. 北京：知识出版社，1989.

[135] 龚壁卫，郭熙灵. 泥化夹层残余强度的非线性问题探讨 [J]. 大坝观测与土工测试，1997，21 (5): 38-40.

[136] 王在泉. 泥化夹层长期强度的灰色预测 [J]. 金属矿山，1998 (2): 16-17.

[137] 崔万照，朱长纯，保文星等. 基于模糊模型支持向量机的混沌时间序列预测 [J]. 物理学报，2005，54 (7): 3009-3018.

[138] 冯夏庭，王泳嘉. 泥化夹层错动带残余强度的人工神经网络 [J]. 中国有色金属学报，1995，5 (3): 17-21.

[139] 冯夏庭. 智能岩石力学导论 [M]. 北京：科学出版社，2000.

[140] 陆有忠，高永涛，吴顺川等. 基于进化支持向量机的岩土体位移反分析 [J]. 辽宁工程技术大学学报，2006，25 (3): 381-383.

[141] 陆有忠，高永涛，吴顺川等. 泥化夹层残余强度的支持向量机预测 [J]. 辽宁工程技术大学学报，2008，27 (1): 45-47.

[142] Sung Eun Cho and Seung Rae Lee, M. ASCE. Evaluation of Surficial Stability for Homogeneous Slopes Considering Rainfall Characteristics [J]. ASCE. Journal of Geotechnical and Geoenvironmental Engineering, 2002, 128 (9): 756-763.

[143] Jongmin Kim, Rodrigo Salgado, and Junhwan Lee. Stability Analysis of Complex Soil Slopes using Limit Analysis [J]. ASCE. Journal of Geotechnical and Geoenvironmental Engineering, 2002, 128 (7): 546-557.

[144] Pradeep U. Kurup and Nitin K. Dudani. Neural Networks for Profiling Stress History of Clays from PCPT Data [J]. ASCE. Journal of Geotechnical and Geoenvironmental Engineering, 2002,

128 (7)：569-579.

[145] Ching-Chuan Huang，Cheng-chen Tsai，and Yu-Hong Chen．Generalized Method for Three-Dimensional Slope Stability Analysis [J]．ASCE．Journal of Geotechnical and Geoenvironmental Engineering，2002，128 (10)：836-848.

[146] Scott A．Ashford and Nicholas Sitar．Simplified Method for Evaluating Seismic Stability of Steep Slopes [J]．ASCE．Journal of Geotechnical and Geoenvironmental 2002，128 (2)：119-128.

[147] Yossef H．Hatzor．Keyblock Stability in Seismically Active Rock Slopes-Snake Path Cliff，Masada [J]．ASCE．Journal of Geotechnical and Geoenvironmental Engineering，2003，129 (8)：697-710.

[148] Scott M．Olson and Timothy D．Stark．Yield Strength Ratio and Liquefaction Analysis of Slopes and Embankments [J]．ASCE．Journal of Geotechnical and Geoenvironmental Engineering，2003，129 (8)：727-737.

[149] Jaeger，J．C．Elasticity，Fracture and Flow [M]．3rd Ed．New York：John Wiley & Sons，Inc.，1969.

[150] Hoek E，Bray J．Rock slope engineering [M]．London：Unwin Brothers Limited，1974，74-109.

[151] OKUBO S，FUKUI K，NISHIMATSU Y．Control performance of servo-controlled testing machines in compression and creep tests [J]．International Journal of Rock Mechanics and Mining Sciences&Geomechanics Abstracts，1993，30 (3)：247-255.

[152] 白武明，傅冰骏. 陈宗基论文选 [C]．福州：福建科学技术出版社，1994.

[153] 范广勤. 岩土工程流变力学 [M]．北京：煤炭工业出版社，1993．40-82.

[154] FAKHIMI A A，FAIRHURST C．A model for the time-dependent behavior of rock [J]．International Journal of Rock Mechanics and Mining Sciences & Geomechanics Abstracts，1994，31 (2)：117-126.

[155] Boukharov G N，Chanda M W，Boukharov N G．The three processes of brittle crystalline rock creep [J]．Int．J．Rock Mech．Min．Sci．and Geomech．Abstr.，1995，32 (4)：325-335.

[156] Madsen F T，Fluckiger A，Hauber L，et al．New investigations on swelling rocks in the Belchen Tunnel [A]．Tokyo：8th Int Congress ISRM，1995．240-250.

[157] CAMPOS A J，DRELLANA De．Pressure solution creep and non-associated plasticity in the mechanical behavior of potash mine openings [J]．International Journal of Rock Mechanics and Mining Sciences&Geomechanics Abstracts，1996，33 (4)：347-370.

[158] Crosta G．Evaluating rock mass geometry from photographic images [J]．Rock Mech Rock Engng，1997 (1)：24-50.

[159] NAPIER J A L，MALAN D F．A viscoplastic discontinuum model of time-dependent fracture and seismicity effects in brittle rock [J]．International Journal of Rock Mechanics and Mining Sciences，1997，34 (7)：1075-1089.

[160] NAWROCKI P A，MROZ Z．A viscoplastic degra dation model for rocks [J]．International Journal of Rock Mechanics and Mining Sciences，1998，35 (7)：991-1000.

[161] 孙钧. 岩土材料流变及其工程应用 [M]. 北京：中国建筑工业出版社，1999.

[162] Maranini E，Brignoli M. Creep behaviour of a weak rock：experimental characterization [J]. Int. J. Rock Mech. Min. Sci.，1999，36（1）：127-138.

[163] 芮勇勤，徐小荷，马新民等. 露天煤矿边坡中软弱夹层的蠕动变形特性分析 [J]. 东北大学学报（自然科学版），1999，20（6）：612-614.

[164] Li Y S，Xia C C. Time-dependent tests on intact rocks in uniaxial compression [J]. Int. J. Rock Mech. Min. Sci.，2000，37（3）：467-475.

[165] CARRANZA-TORRES C，FAIRHURST C. The elasto-plastic response of underground excavations in rock mass that satisfy the Hoek-Brown failure criterion [J]. International Journal of Rock Mechanics and Mining Sciences，1999，36（6）：777-809.

[166] MARANINI E，BRIGNOLI M. Creep behavior of a weak rock：experimental characterization [J]. International Journal of Rock Mechanics and Mining Sciences，1999，36（1）：127-138.

[167] Yang C H，Daemen J J K，Yin J H. Experimental investigation of creep behavior of salt rock [J]. Int. J. Rock Mech. Min. Sci.，1999，36（2）：233-242.

[168] Maranini E，Yamaguchi T. A non-associated viscoplastic model for the behaviour of granite in triaxial compression [J]. Mechanics of Materials，2001，33（5）：283-293.

[169] HayanoK，MatsmotoM. Study of Triaxial CreepTesting Method and Model for Creep Deformation on Sedimentare Soft Rocks [A]. In：Proc. of the 29th Symp. Of RockMech [C]. ［s.．l］：［s. n.］，1999，8-14.

[170] Shao J F，Zhu Q Z，Su K. Modeling of creep in rock materials in terms of material degradation [J]. Computers and Geotechnics，2003，30（7）：549-555.

[171] 梁冰，李平. 孔隙压力作用下圆形巷道围岩的蠕变分析 [J]。力学与实践，2006，28（5）：69-73.

[172] 徐卫亚，杨圣奇，褚卫江. 岩体非线性黏弹塑性流变模型（河海模型）及其应用 [J]. 岩石力学与工程学报，2006，25（3）：433-447.

[173] 曹文贵，李鹏，程晔. 高填石路堤蠕变本构模型及其参数反演分析与应用 [J]. 岩土力学，2006，27（8）：1299-1304.

[174] 张传成，刘建军，薛强. 基于改进 Burgers 模型下巷道围岩蠕变规律研究 [J]. 武汉工业学院学报，2006，25（3）：72-75.

[175] 王勖成，邵敏. 有限单元法基本原理和数值方法（第二版）[M]. 北京：清华大学出版社，1997.

[176] 赵更新. 土木工程结构分析程序设计 [M]. 北京：中国水利水电出版社，2002.

[177] 白葳，喻海良. 通用有限元分析 ANSYS8.0 基础教程 [M]. 北京：清华大学出版社，2005.

[178] 李权编. ANSYS 在土木工程中的应用 [M]. 北京：人民邮电出版社，2005.

[179] 刘波，韩彦辉（美国）. FLAC 原理、实例与应用指南 [M]. 北京：人民交通出版社，2005.

[180] 陈仲颐，周景星，王洪瑾. 土力学 [M]. 北京：清华大学出版社，1994.

[181] 姜福兴主编. 矿山压力与岩层控制 [M]. 北京：煤炭工业出版社，2004.

[182] 张铮，杨文平. 石博强等. MATLAB 程序设计与实例应用 [M]. 北京：中国铁道出版社，

2003.

［183］ 石博强，赵金. MATLAB 数学计算与工程分析范例教程［M］. 北京：中国铁道出版社，2005.

［184］ 张葛祥，李娜. MATLAB 仿真技术与应用［M］. 北京：清华大学出版社，2003.

［185］ 3DEC Version 3.0，Universal Distinct Element Code，Itasca Consulting Group［M］. Inc. ，First Edition January 2000.

［186］ FLAC³ᴰ Version 2.10，Universal Distinct Element Code［M］. Itasca Consulting Group，Inc. ，First Edition January 2000.